气场修炼之终极实战

QI CHANG XIU LIAN ZHI ZHONG JI SHI ZHAN

才永发 ◎ 编著

当代世界出版社

图书在版编目（CIP）数据

气场修炼之终极实战 / 才永发编著；—北京：当代世界出版社，2014.6
ISBN 978-7-5090-0973-4

Ⅰ.①气… Ⅱ.①才… Ⅲ.①气质-通俗读物 Ⅳ.① B848.1-49

中国版本图书馆 CIP 数据核字（2014）第 083248 号

气场修炼之终极实战

作　　者：	才永发
出版发行：	当代世界出版社
地　　址：	北京市复兴路 4 号（100860）
网　　址：	http://www.worldpress.org.cn
编务电话：	（010）83908456
发行电话：	（010）83908455
	（010）83908409
	（010）83908377
	（010）83908423（邮购）
	（010）83908410（传真）
经　　销：	新华书店
印　　刷：	北京市庆全新光印刷有限公司
开　　本：	710mm×1000mm　1/16
印　　张：	15
字　　数：	210 千字
版　　次：	2014 年 6 月第 1 版
印　　次：	2014 年 6 月第 1 次
书　　号：	ISBN 978-7-5090-0973-4
定　　价：	32.00 元

如发现印装质量问题，请与承印厂联系调换。
版权所有，翻印必究；未经许可，不得转载！

前言

　　我们在日常生活中,经常会发现这样的现象:虽然有的人可能相貌并不是多么出众,服装也不是那么惹眼,而且他们也没有怪异夸张的行为举止,可是在茫茫人群中,他们却能让我们感觉到与众不同。

　　他们朝气蓬勃,充满自信的同时也带有几分谦逊低调,端庄优雅的同时又不失亲和自然,专注内敛的同时又不失活力和热情,总让人感觉他们身上发散着耀眼的光芒。不管走到什么地方,他们都会吸引来身边人关注的目光,成为大家喜爱和欢迎的对象。

　　这是为什么呢?他们依靠什么来吸引身边人的目光呢?其实,他们依靠的就是自己周身形成的强大气场,强大的气场让他们产生了积极的、巨大的吸引力。

　　那什么是气场呢?其实,气场就是存在于我们身体周围的能量,它以人的身体为中心,从内而外向各个方向发散。也就是说,气场就是别人从我们身上体验到的感觉,通常情况下,我们的性格、气质、情绪、目的、精神面貌、心理状态等等,都会通过我们的气场展示和传递给别人。

对每个人而言，他们都有自己的气场，只是各自气场的强弱有所不同，那些气场强大的人，可以让自己身上散发出的这种能量影响到周围的很多人，给予他们积极的影响；气场弱的人则可能只会让这种能量浮在身体外表，这样的话，他们的气场往往就战胜不了外界的因素，很容易被外界的因素影响和操控。而对于气场强大的人来说，他们则更容易掌控自己，也更容易走向成功。

其实，气场是一个人的性格、气质和价值观等方面的综合体现，它所释放出来的能量，有积极的，也有消极的，有让人羡慕的，也有让人厌恶的。我们的气场，体现了我们的精神世界和生命经历。那些气场强大的人，通常都是在生活中经历了很多，他们每前进一步或者每遇到一次困难，都会做出积极的感悟、总结和改变，经过不断地修炼，才形成了现在让人羡慕的自己。

虽然人们的气场各不相同，但每个人都想让自己的气场变得强大而美好。可是提升气场并不是一件很容易的事，它需要我们在不断的经历、思考和感悟中慢慢提升。世上没有什么气场是最强的，但有更强的，所以，我们需要用自己的一生不断提高自己的气场。

增强我们的气场，请从现在开始吧。我们的身体和心灵越健康，自己的气场力就越强，于是受到的外界干扰就会越小，我们也就越有力量去做自己要做和想做的事，这样一来，我们也就更容易走向成功。

本书对修炼和培养气场而言，可谓是我们的最佳选择。在她的带领下，我们将会破解气场的秘密，掌握进行气场训练的各种技巧，学会恰当地运用气场来增强我们的亲和力、提升我们的影响力，为自己赢得广泛的资源、为自己打通财富的道路，从而使人生走向成功。

目 录
QI CHANG XIU
LIAN ZHI
ZHONG JI SHI ZHAN

认识气场：它是改变一切的终极力量

神秘的气场，它到底是什么 //002
气场是如何形成的 //004
认识、了解自己的气场 //006
相信命运，倒不如相信气场 //008
有底气，让你的气场更强大 //010
自信是气场的源泉，有自信就有气场 //012
是成是败，要看气场 //014
吸引力法则，强大气场的催化剂 //016
人生奇迹，气场创造 //019

做你自己，使内心的气场最强大

失去渴望，气场就会消失 //024
拥有高度负责的态度，让自己的气场温而有度 //026
在挫折中磨炼意志，完善人格 //028
让智慧给你的气场加分 //031
积极利用你已经拥有的东西 //032
学会换个角度，始终保持内心强大的气场 //034
做自我引导，提升你的"志商"水平 //037
做做心智练习，建立新习性 //039
积极的气场从哪里来 //040

把控情绪，打造你的气场能量圈

心态不好，气场肯定受干扰　//044
情绪影响气场状态　//046
顺其自然，让心不再动摇　//048
只有不抱怨，才能维系良好气场　//050
猜疑，让气场失去吸引力　//053
胆怯毁灭心境，气场亦会随之削弱　//054
摆脱焦虑与不安，稳定气场的能量　//057
掌握气场十足的八种积极心态　//059

增强个性魅力，拥有足够的吸引力

好形象是提升气场影响力的潜在资本　//064
树立好的第一印象，让气场紧紧吸引对方　//066
宁缺毋滥，让整身搭配简单而优质　//069
培养优雅的站姿，给自己增强气场　//071
在潜移默化中让气场发挥作用　//073
自然而真诚的微笑最能产生气场　//076
修炼你的魅力眼神，让气场凝聚　//078
多听少说，让对方折服在你的气场之下　//080
适时调节声音，为气场加分　//083
幽默，改变气场性质的灵丹妙药　//085

目录

养护身体健康，为气场夯实存在的保障

健康的气场不但会影响自己，也会影响别人 //090
心理暗示会通过气场影响生理状况 //092
一定要使身体状况经常与气场保持一致 //095
自信的气场能让你战胜衰老 //096
多接触有生命力的东西，你的气场生命力也会变强 //098
地磁线和月亮盈亏变化对气场的影响 //099
随着季节的变化，让身体气场保持协调 //101
了解身体节奏，在气场指数最高时处理相应的事务 //103

远离负面气场，掌握积极人生的主动权

你关注什么，气场就会为你实现什么 //108
消极气场对自己的危害 //110
坚持不懈，让自己的气场勇往直前 //112
坦诚面对弱点和不足，完善自己的气场 //115
面对失败，气场不倒 //117
学会反思自己，让自己的气场走上新台阶 //120
空谈，会让气场流失 //122
克服人生短板，清除气场发挥的障碍 //124
气场的敌人是自己 //126
贪欲不可有，它会让你的气场走向极端 //128

着眼大目标，以行动扩展气场的深度

心动就要行动，在实践中充实气场　//132
不要自我设限，否则会限制气场的发挥　//134
让气场在进取中强大　//137
塑造自己的积极气场　//139
告别过度谨慎，学会适当冒险　//142
遇到问题找办法，不要抱怨　//145
发挥创造力，加速气场的积累　//146
厚气场要以身作则，成为周围人的榜样　//149

善用气场，为自己创造更广阔的职业发展空间

运用气场，它是职场升职的密码　//152
融入优秀团队，接受良性辐射　//153
找对方法，更好地运用气场　//156
找对平台，留在与自己气场和谐的地方　//158
汇聚气场，认真对待每一个细节　//160
保持最佳精神状态，最大限度发挥气场能量　//162
热爱你的工作，让人慢慢感受你的气场能量　//164
对工作负责，让自己散发出人格气场　//166

目 录

找到人脉气场的钥匙，构建你的人脉圈

气场积极，就会带来优质人脉 //170
把握帮人的机会，以增加你的人脉气场 //172
让自己的行为举止充满自信 //174
诚信做人，让你的气场更具威信 //176
学会由衷地赞美，让人脉气场翻番 //178
以宽容赢得人脉，求得共同进步 //181
远离自私，学会与人分享 //183
热情会增加人脉气场的灵魂 //185
展现亲和力，增进气场 //187
征服陌生人，也是提高我们人脉气场的重要方面 //189
多交际，编织牢固关系网 //191

玩转财富气场，让人生变得更加富足

气场可以影响你的财运 //196
使大脑富起来，打造强大的财富气场 //198
强烈地关注财富，你就会吸引财富 //200
摒除心中那些负面的"财富观" //202
依靠你的喜好去赚钱 //204
对财富的渴望越坚定，富有的速度就越快 //206

驾驭伟大的气场，拥抱美好的人生

唤醒自己对成功的强烈欲望　//210
不要总是羡慕，激励才能让气场为人生添彩　//212
保持气场，在于用最优弥补最劣　//214
拿得起放得下，幸福气场自然就会来　//216
给予是一种能产生快乐的气场力量　//218
格局影响气场，成就精彩人生　//221
形成王者气场，让自己看起来像个成功者　//223
勤勉好学，让自己的气场发力　//224
发挥气场的力量，从而征服对手　//226

QI CHANG XIU
LIAN ZHI
ZHONG JI SHI ZHAN

01

认识气场：
它是改变一切的终极力量

神秘的气场，它到底是什么

气场到底是什么？其实它可以是吸引力，总能将别人的目光聚焦在你身上，无论你是什么类型的人，只要有强大的气场，就能吸引到大众的目光；气场也可以是一种希冀，在你人生的征途中，为你保驾护航，给你壮胆，给你提神，给你成功的力量。

气场是每个人身上都能体现出来的。只是每个人的气场都有自己的特点。无论你的气场能给你带来好运还是不顺，它对每个人而言都有着举足轻重的作用，它比你整天放在口袋里的精美名片还要重要得多。

在一位成功学家的身上，曾经发生过这样一件事：

在他小的时候，有一次跟随父亲去了一场酒会。这场酒会的场面宏大，有很多名人都参加了。一个个珠光宝气的女嘉宾，以及各种大腕儿级的商人和政客，每个参加者无不显示出强大的财力和权力。

就在这个时候，突然有一位女士入场了，她的到来，让刚才所有的富贵堂皇顿时都失去了光泽。让人看上去，就觉得她

01 认识气场：它是改变一切的终极力量

周身光芒四射，好像她有一种强大的魅力，每个人的目光都投向了她，大家都被吸引住了，并且都情不自禁地走向她，希望和她握手，希望和她交谈，甚至觉得能被她看一眼，也是很大的荣幸。

虽然当时这位成功学家并不知道那位女士的名字，可是，她就像一个聚光镜似的，从身上散发出来的魅力，不得不让他人投去敬佩的目光。

倘若你不明白什么是气场，上面案例中的那位女士已经给我们提供了最好的答案。气场就像一个人头顶的光环，就像案例中的那位女士留给人们的印象一样。

虽然每个人都是独一无二的，但是我们都可以让自己产生像那位女士一样的魅力，都能像她一样光彩照人。显然，每个人都拥有这样的潜力。一个优秀的人身上，总能展现出惊人的聚光能力，当然，你和那些优秀的人也不是相隔千万里，而是只差一步。

你可能很羡慕周围的交际明星、职场红人，你对他们总是羡慕又嫉妒，他们在平日里表现活跃，几乎什么时候都能如鱼得水，无论是在上司、客户还是同事和朋友的眼里，他们都是大家称赞和欣赏的对象，人人都乐意和他们一起工作，都乐意和他们做朋友。似乎他们能呼风唤雨，要什么就有什么，也好像上天总光顾他们似的，不管做什么事都能轻而易举地取得成功。也许，你只是一味地羡慕和嫉妒他们，而对自己并没有多大的期望。

"我也可以的。"可能你内心会这样对自己说。

但是长期的不自信，让你又马上推翻了自己刚才的心理，转而改为："那是不可能的，我怎么能达到那种程度呢？人家的能力太强了，我还差得远呢！"

倘若这样的想法成了你的习惯，恐怕你这一生都只能在羡慕和自卑之中度过了。因为你的气场就没有霸气，是脆弱的。你会发现，好事都会绕着你走，而坏事却总是找你——做什么事，伴随你的都是一系列的不顺，你都会在失败的墙上撞得头破血流。可是那些人恰恰相反，他们往往生活上步步高，工作上游刃有余。

同样是人，差距怎么这么大呢？其实原因很简单，就是因为你没有强大的渴望，没有足够的勇气去做出改变。你没有给自己的气场注入活力，反而让消极的气场左右了你。所以，你应该从现在开始，让自己形成这样的意识：充满期待，渴望自己成为拥有非凡气度的人，渴望自己成为内外兼修的人。当你产生了积极上进的思想火花，就能点燃气场的星星之火。

气场充满了神秘，因为有的人总能依靠它取得成功，而有的人却总是不能如意；其实气场也是如此简单，人人都能依靠它获得走向成功的入场券，只是你没有意识到它能赐予你无穷的力量，只是你没有拿出自己百倍的信心去充实它。所以，它就会以失败来回馈你。

气场是如何形成的

气场就是一个人的内在修养和外在行为的总和，它是由先天因素和后天因素共同形成的。先天因素主要包括人体的各种器官、神经系统和大脑等，这些是形成气场的源泉。而形成气场的后天因素很广泛，既包括了环境、家庭、学校和社会，又涉及到了文化、经历、年龄、职业和饮食习惯等方面，这些都能影响到一个人的气场。

在气场形成的过程中，每个人不但要积极地在实践中去锻炼自己，还要让自己的主观能动性得到充分发挥，展示出我们的理想、兴趣、勤奋以及迎难而上的意志力。

对于任何人而言，气场都是逐渐培养出来的。大家都知道，古代的

01 认识气场：它是改变一切的终极力量

时候，大家闺秀的言行就要有大家闺秀的范儿，这就是她们的气场。当今社会，虽然不会要求女子像古代一样遵守各种繁杂的规矩，可是培养自己的气质，让自己的气场更强大是我们每个人都应该做的。气场是展示自己的窗口，要想让他人从这扇窗中看到一个值得欣赏的你，那就要在平日里多看书、多思考、多和他人交流，不断汲取发展自己气场的营养。气场的培养是一个循序渐进的过程，不是仅仅几个月的时间就能形成的，而需要长久地积累，一年、两年甚至更久。

气场可以体现出人的个人魅力，它不是靠单纯的外在就能表现出来。虽然化妆可以改变容貌，可是要把自己的全部交给化妆，那就是弄巧成拙的表现了。

其实，在社交过程中，谁不想让自己成为大家眼中的亮点？谁不想让自己吸引别人的眼球？每个人的气场都是不同的，要让他人觉得你与众不同，并不需要自己刻意地去做，这就像河流中的水一样，追求的就是自然。倘若你能做得非常自然，无论谁看了都会说你很美。

众所周知，鱼之所以能在水中自由沉浮，依靠的就是鳔。可是，水中就有一类生物并没有鳔，却依然能自由沉浮，这类生物就是鲨鱼。

鲨鱼为了能自由沉浮，始终让自己的肌肉处在运动状态。通常情况下，只要鲨鱼停止游弋，它们的身子就会迅速下沉。所以，在需要上浮的时候，它们就依靠肌肉的运动而不断地游弋。

有一种白鳍真鲨，还能自由调节自己身体中的盐分，于是这样的鲨鱼无论是在淡水还是海水中都可以自由生活。牙齿是鲨鱼获取食物的利器，而且可以无限制地增长和再生，一条鲨鱼的口中甚至可以生长出三百多颗牙齿，而且这些牙齿都有极强的感知能力，远处有什么猎物，它们都可以通过水中的气味

和磁场来进行辨别。

因为它们经常运动,所以它们的肌肉越来越发达,体格也日益健壮,成了"海洋霸王"。

鲨鱼在海洋中如此强势,就是外界的环境改变了它,要更好地生存,就要不断适应环境。要让自己形成强大的气场,就要像鲨鱼一样不能忽视环境的影响。

气场的形成,依靠着两个环境的作用,自然环境和社会环境。在人类的发展过程中,社会环境的主导性是更强的。人们常说,环境可以影响人,这个环境主要是指社会环境,即社会发展程度和个人的社会关系。

一个人的气场还和他的理想、信念紧密相连。倘若没有理想和信念,要想让自己的气场得到提升,那就相当于无米之炊。在理想和信念的驱使下,人们去探索实践的动力就会更大,也更容易获取成功。这就是内外因的合力所成就的。

所以,气场是在人们的内在因素和外界因素的共同作用下形成的。

认识、了解你自己的气场

认识自己的气场,对每个人而言都是必修课。因为只有你了解自己的气场,你才可能有针对性地去发展和经营自己的气场。而气场强大了,你才能把自己要做的事情做得更好,也才能让自己的明天洒满阳光。

俗话说,世上没有两片完全相同的树叶。同样的道理,人与人之间的气场也都千差万别。每个人的气场都是独立的,而且一种气场都和一种职业相对应。不同的人,就有不同的擅长,所以,当你认识了自己的气场后,就能根据自己的气场特性去寻找究竟什么样的路线适合自己。

01 认识气场：它是改变一切的终极力量

成功的人对自己的气场有明确的了解，也明白自己的气场能给自己带来什么，这就促使他们有明确的目标和强大的动力，于是，就不会有迷失的时候。

一位叫萨迈尔的英国老师，在一次整理旧物的时候，发现了一叠作文本，这些都是30年前自己所教的一届小学四年级学生写的。打开一看，第一篇的题目叫"我的理想是……"。

在作文中，孩子们各自描述了自己的理想，而且理由也都千奇百怪。有的孩子这样写道：我将来一定要做个海军大臣，因为我有这方面的潜质。有一次在海中游泳的时候，我不小心喝了3升水，都很幸运地游到了岸上；有的孩子说，我长大后必定能做上法国总统的宝座，因为我对法国很熟悉，我可以一口气背出二十多个法国城市的名字，而别的同学最多还背不到十个呢；有一个叫格林的孩子，他虽然是个盲人，可是他认为，自己将来必定能成为英国的内阁成员之一，因为英国历史上还没有一个盲人成为内阁成员。

萨迈尔老师突然产生了一个想法，把这些本子重新发给当年的学生们，让他们看看自己是否已经把30年前的梦想变成了现实。于是，他通过当地的电视台和报纸发出了一则启事。几天后，萨迈尔便收到了来自英国各地的回信。这些人中有商人、学者和政府官员，还有不少人都没有表明自己的身份，他们在给老师的信中说很想知道自己儿时的梦想，也很想得到那个作文本，于是，萨迈尔老师便按照那些地址一一把他们的作文本寄了过去。

过了不久，他收到了一封来自内阁教育大臣布伦科特的信。在信中，布伦克特说："当年那个叫格林的孩子就是我，感谢老师这么久以来一直保存着我们少年时期的梦想。不过那个本子我现在已经不需要了。这是因为从我写下那篇文章时起，长大后成为内阁大臣的梦想就像刻在了我的脑海中一样，什么时候我都没有放弃过；经过这么多年的辛苦努力，我终于实现了自己的梦想。我还想通过这封信告诉我其他的30位同学，对每个人而言，只要把自己年轻时的梦想深深地刻在脑海中，始终向着它前进，那么成功总有一天会光顾你。

布伦科特作为一个盲人，对自己的气场有着清楚的了解，因为了解了气场，才会让气场更好地发挥作用。所以，在气场的推动下，他走向了成功。

了解自己的气场，并且能经营自己气场的人才会谱写出美丽的人生乐章。只有懂得经营适合自己的气场，才能让你的人生升值。

每个人都有不同的气场，积极的气场能让我们搭上顺风车，带领我们走向梦寐以求的成功；而消极的气场，则会让我们面临失意和沉沦。无论如何，我们都要对自己的气场做个清楚、透彻的认识和了解。认识了自己的气场，就能看清自己的人生之路该走向何方，就能让自己的前程更宽广。

相信命运，倒不如相信气场

一位年轻人大学毕业后跳了几次槽依然没有找到适合自己的工作。几年下来还是最底层的小员工。已经快30岁的他，要事业没事业，要家庭没家庭。于是他每天情绪低落，意志消沉。母亲看到儿子一天天的心情不好，也非常着急，于是便打算带儿子去卜一卦。

卜卦的先生看了看他的生辰八字后，顿时眉头紧锁，语气沉重地说："年轻人啊，你将会一直穷困潦倒下去，直到你40岁。"听了这位卜卦先生的话后，年轻人叹了口气，显得更加抑郁了。于是，母亲便安慰他说："儿子，没事的，过了40岁就好了。"卜卦先生立即打断了那位母亲的话："您没有理解我的话，我的意思是您儿子40岁之后就会习惯这样的生活。"

这仅仅是一个故事，可是在我们的生活中的确有不少这样的人：他们走进了人生的低谷，不去想办法解决问题，却很相信占卜或是宿命，让卜卦的先生来指点迷津、排忧解难。这就错了。一个人能否做出成绩，这其实并不是由命运决定的，而是由他的气场所决定的。这并不奇怪，气场就是人生的坐标系，究竟你的人生能定在坐标系中的哪个点上，就要看你能否让自己的气场发挥出积极作用。

对于一个意志消沉的人而言，倘若暗示他的未来一片大好，那么他必然就会比从前积极得多，在积极状态的带动下，他的人生就可能发生改变。也许，他可能会觉得是命运的眷顾才让他摆脱了困境，其实，这都是他通过自身的努力而取得的结果。他对待人生的态度从悲观消极转变成了积极向上，这就促使他的气场也发生转变。于是，他的命运也就得到了改变。

相反，一个正在为自己的未来辛苦打拼的人，倘若被暗示他的努力无济于事，最终还是逃脱不了失败的命运。那么他的心理就会受到巨大的打击，甚至直接导致他放弃努力，于是将会出现接二连三的不如意和失败。也许，他就可能认为命中注定自己要走向失败。其实，根本原因是由于他放弃了努力，对自己失去了信心，所以他原来积极的气场就会迅速蜕变为消极气场，把他带上失败的路途。

人们的命运，通常都能通过自己的行为来得到改变，可是暗示往往起着决定性的作用。上述的这两类人都可能会相信自己的人生是命运的安排，其实不然，他们最终所得到的结果都是不同的气场造就的。

我们明白，每个人都有自己的气场，这无可厚非。与此同时，人的气场还会不断发生强弱转化。不同的气场，就必然意味着不同的定位。人生究竟会如何，总会受到自身气场变化的影响。每个人都无法改变自己的容貌，但你可以展现笑容，无法左右天气，但可以改变心情。要让自己有个亮丽的人生，就应该改变自己的态度，改变自己的心情，让自己搭上积极气场的便车，奔走在人生的成功路上。

无论人们的气场是积极的还是消极的，它都会给人们带来不同的命运。倘若现在的你依然相信命运是上天注定的，倒不如相信自己的气场，用自己的积极气场铸就成功人生。

有底气，让你的气场更强大

一个人有没有底气，这决定着他气场的影响力。倘若底气十足，行事就会果断有力，做人积极向上，独领风骚；倘若底气不足，办事就会没有信心，让人觉得可信度不高，不太可靠，所以，做人的气场离不开底气，要有气场就应先有底气。

一个人的底气是气场的表现。我们看看身边的成功人士就会明白，他们无一不具备一定的实力。因为只有具备一定的实力，在说话和办事的时候才可能有底气，有了底气才能有气场。那些总是因一事无成而不断抱怨外在环境的人，必然不是自身实力过硬的人。

著名的音乐指挥家小泽征尔在一次世界级的指挥家大赛中，当他按照评委会给的乐谱进行演奏的时候，突然发现了一阵不和谐的声音。刚发现的时候，他觉得这可能是乐队演奏的错误，于是便决定停下来重新演奏，可他发现还是不对。他觉得肯定是这个乐谱有问题。当时该乐谱的作曲家也在场，他和评委会的权威人士们都坚持认为这个乐谱没有任何问题,是他指挥出错了。

在众多音乐界的权威人士面前,他没有被吓到,没有向权威低头,而是再次仔细看了乐谱,经过了再三思考之后,他满怀信心地大声说:"不!一定是乐谱错了!"他刚说完,没想到评委们竟然都站起来为他鼓掌,祝贺他取得了冠军。

原来,的确是乐谱有问题,这些都是评委们事先设计好的,他们就想通过这个错误的乐谱来考验指挥家,看指挥家发现乐谱的错误而被权威人士"否定"时,还能否坚持自己的正确主张。在小泽征尔之前,就有两位指挥家被评委们设计的"圈套"给套住了。因为他们两人虽然都也发现了乐谱的错误,可是并没有提出质疑,始终都在随声附和权威的意见,最后出局。

小泽征尔功底深厚,有真才实学,所以他能很准确地发现乐谱的错误,而且能大胆地指出来,虽然他的面前都是音乐界的权威专家,可是他依然拿出了自己超强的自信心。有底气,就有征服权威的气场。而前两位正是没有底气,不敢挑战,所以就不会有征服他人的气场,因而没有成功。

很多人底气不足或者没有底气,是因为他们承受了太多的压力,这些压力主要来自这些方面:工作任务重,应酬繁多,不想得罪人;同样经济上也会有负担:收入不高,但买房、教育子女和赡养老人等到处都得花钱。这两个方面的负担让他们的精神压力太大。还有,对自己的未来感到迷茫,人际关系不好,而且对自己的期望值过高等等这些都会给自己造成压力,让自己的底气受挫,从而失去积极的气场。

事实上,除了那些负担能给人带来压力之外,生活的单调与清闲甚至有的喜事同样也能让人产生压力。在喜事方面,比如结婚、怀孕、生子、乔迁、晋升、毕业等会让人有压力;当生活或者工作太单调、清闲,让人

感到无聊、没有价值感，这同样会让人感受到压力的存在。

当然，任何事情都有两面性，有压力也不完全是坏事。有的人正是因为压力的存在，才下决心要前进，所以这时候压力就转化成了动力，当人有了向上的动力之后，就会努力，于是就底气十足，从而使自己的气场得到提升，成为大家心目中一个有气场的人。

底气往往是一个人实力的外在体现，有了底气，才会让自己的气场更加积极上进，才能让自己的气场洋溢着吸引人的魅力。而人们的底气并不是呼之即来挥之即去这么简单，它需要经过刻苦努力，当具备了真才实学后才能取得。

所以，我们要先给自己不断充电，培养自己的实力，当实力充足后，底气自然会十足，底气十足就会造就气场十足，气场十足就能让自己的人生之路越走越宽。

自信是气场的源泉，有自信就有气场

我们可以没有金钱，可以没有事业，但不能没有自信。自信是走向成功的第一步，自信也是气场的源泉，有自信就有气场。

在著名武侠小说作家古龙的一部小说中，有这样一段情节：两个武林高手决定进行一场生死比武，其中一个人自觉武功稍弱一些，偷偷从朋友那里借来"镇帮之宝"。这是一种暗器，装在盒子里，只需打开盒子，对方就会人头落地而亡。决斗那天，二人实力不分伯仲，打了半天也没决出胜负。最终，那个拥有暗器的人胜了，然而他却并没有使用暗器。事实上，他一想到最后可用暗器置对方于死地，全身就有使不完的劲儿，越战越勇，最后，他凭着自己真正的实力战胜了对手。

01 认识气场：它是改变一切的终极力量

后来，当他把这件暗器还给朋友，并告诉他自己没有使用时，朋友说的一番话却更让他吃惊。朋友说，这件暗器早已损坏不灵了，他们帮中的"镇帮之宝"根本不是什么绝世暗器，而是"信心"。

故事中的这个人不相信自己能打败强敌，并不是他功力多差，而是缺少必胜的自信。其实，我们的人生也是如此。美国作家海明威说过一句话："人可以被打败，但不可以被打倒。"可是，现实生活中的很多人不仅很容易被打倒，甚至会不战自败、不打自倒。

我们周围，很多都是有才华的穷人，他们很想有所作为，之所以没有成功，往往不是能力不够、资金匮乏、条件不成熟，而是在于对自己没有信心。他们说："我的能力不行，我的学历不够""我没有很好的社会关系""我没有很好的机会""我总是那么倒霉""我没有时间"，甚至是"我没有好的背景""我没有一个好爸爸"。他们感到生活痛苦、前途迷茫、一切都暗淡无光。他们总是有那么多理由。在这个拼的时代，无可置疑，拼爹的，你站在好爹的肩上，自然会跳得更高；拼钱拼关系的，找个铁饭碗也是小菜一碟。但你若是草根、蚁族呢？难道你就认命了？还是别做愤青，不要说起社会不公来捶胸顿足了吧，积极去生活，自信地努力拼搏去生活才是正道。

拼搏，当然不能缺乏自信。自信不是相信自己强，而是相信自己会变强。相信自己是第一步，自信有了，气场就有了，接下来做任何事都会充满力量。美国社会学家戴尔·卡耐基认为：信心和勇气能够产生激昂奋发的情绪，会使整个人像是突然被"充电"一样，立即着手解决困难，并要求自己把事情处理得更加完美。自信有多大，潜力就能发挥到多远。

从现在开始去发掘自己的长处，去激发你的潜能。如果你每天都充满自信，就可以发挥你的长处，清除掉你内心的焦虑与不安。你不应只是期待奇迹，更应利用由自信而得来的气场去创造奇迹。

俗话说："心有多大，舞台就有多大。"我们可以消极地面对一切打击，也可以拼尽全力去争取；生命的深度和宽度，全看我们如何选择。牛顿读书时，老师认为他笨，让他退学，但他对自己非常有信心，下定决心要比别人做得更好。拿破仑要翻越阿尔卑斯山时，英国人和奥地利人都嘲笑他是疯子，但拿破仑做到了，因为他相信自己。投资大王巴菲特有两条最基本的原则：一是一定成功，二是记住第一条。他用"一定成功"来暗示自己，把自己逼到"必须成功"的"绝路"上。

只要有自信，每个人都可以增强自己的气场，都能取得自己想要的成功。有了自信，你的心中才能升腾起无尽的希望，潜藏在你意识中的精力、智慧和勇气才会被调动起来，你的心里才会开出霸王花，财富、成功将不再是梦想。即使你不能和那些名人站在一起，即使不能进入福布斯排行榜，即使不能……这些都不重要，重要的是你可以成为平凡人中的佼佼者，成为公司提拔晋升的首选，成为同龄人中的榜样，这就是自信的力量，这也叫成功。

是成是败，要看气场

人生在世，很自然人人都渴望自己能成功，可是这只是理想状态，事实往往并不是总能让人一切顺意。成功的人之所以能成功，这是因为他们不但有能力，还在于他们拥有走向成功的气场。

气场对人们走出困境有一定的帮助。在面对挫折与坎坷的时候，那些保持乐观的情绪、保持旺盛斗志的人就是最终取得成功的人，他们的成功是因为气场给了一臂之力。

对每个人而言，其实至少会有两个自己，其中一个是内心真实的自己，另一个则是需要展示给他人看的自己。气场则是这两者的统一体。人人都有气场，可是它看不见也摸不着。它是无形的，但又能让人感觉

01 认识气场：它是改变一切的终极力量

到它的存在。比如那些影视明星和其他公众人物，只要他们一出场，观众就能被那种架势、那股底气所征服，那架势、那底气就是气场。在他们身上所体现出来的最明显的就是气场。

许多人读过美国的海伦·凯勒写的《假如给我三天光明》这本书，作者海伦·凯勒就是一个气场强大的人。

海伦·凯勒于1880年出生在美国的一个小城镇。当她一岁半的时候，就因重病而丧失了视力和听力，后来，她的语言表达能力又逐渐丧失了。

在这样的情况下，她依然取得了惊人的成绩：她出人意料地学会了读书和说话，而且以优异的成绩顺利从美国拉德克利夫学院毕业，她学识渊博，掌握了拉丁、希腊、英、法、德五种语言，成了著名作家和教育家。为了世界各地的盲人教育事业，她的足迹遍布世界，她把自己的一生都献给了盲人福利和教育事业。所以，许多国家政府都给予她嘉奖，她获得了世界各国人民的高度赞扬。

海伦·凯勒从7岁开始接受教育，到进入大学学习的这14年间，她使用的很多教材都没有盲文的版本，所以她都得依靠别人把书的内容拼写在她手上，通过知觉来学习。这样，她的学习所花费的时间会比别的同学多出很多。当其他同学正在外面快乐地嬉戏、唱歌时，海伦·凯勒却在教室里努力学习。

1968年6月1日，海伦·凯勒离开了人世，她的一生是非常让人敬佩的一生。曾经有人这样评价她："海伦·凯勒就是全人类的骄傲，是全人类学习的榜样，相信她这个楷模，会让众多聋、哑、盲人受到启发，让他们在黑暗中看到光明。"

像海伦·凯勒这样一个既看不见，又听不见，同时还不能说话的残疾人，是凭借什么走出黑暗，且做出如此骄人成绩的呢？她得到世人的高度褒奖又是依靠什么呢？这离不开她顽强的毅力和老师莎莉文的循循教导，恐怕更离不开的就是她的气场——面对困难而努力奋斗、不屈不挠的气场。

她的刻苦努力使她丰富了自己，同时也打造出了自己独特的气场，在这个气场的推动下，她最终创造出了辉煌的人生。

虽然每个人对成功的定义有所不同，但是，真正意义上的成功应该是全方位的，既体现在家庭、事业、身体、金钱、朋友等方面，也离不开精神上的东西。人是一个精神和物质共同作用的产物。当人主宰了自己的气场，才能让物质和精神因素共同发挥积极作用，从而主宰自己的命运。

倘若要衡量一个人的综合指标，气场就是一个不可或缺的参数。它能让人们找到真实的自己，学会认识自己，宽容自己，爱戴自己。当你真正了解了气场之后，你会发现自己已经发生了不小的变化。那时候，对于他人的意见，你也能乐观地接受了，对于他人的错误，你也变得宽容起来，为人处世的心态好了很多，生活工作和家庭，一切都称心如意。

我们不应总是带着偏见去审视自己，也不应带着偏见去审视他人，要看到自己气场中的优势，要让自己气场的优势最大化，从而让自己不断得到锻炼和成长，倘徉在成功人生的路上。

吸引力法则，强大气场的催化剂

成功学上有这样的说法：世界上约有96%的财富掌握在1%的人手中。倘若这样的说法是事实，你是否想过其中的原因呢？也许，你可能会认为这是偶然，倘若你持有这样的观点，那就错了。真正的原因就是这1%的少数人明白某个秘密。而这个秘密就是怎样运用吸引力法则提升自己的气场，为自己吸引更多的财富。

究竟何谓吸引力法则？其实很简单，它就是"只要你关注什么，就能为自己吸引到什么"。也即：你的头脑中的意识和想法会吸引你所关注的事物，让它们成为现实。

很多人都曾经有过这些经历：一件事情在理论上的发生概率微乎其微，可是没有多久这件事就发生了；当我们正在想一位几年都没有联系过的朋友时，竟然很意外地接到了他的电话。这些都会让我们感到异常惊讶。这就是吸引力法则所产生的效果，是它的力量让我们的思想穿越时空，将我们所关注的事情吸引到我们身边来。

吸引力和气场有着密切的关系。如果你的意念和想法都是积极的，那么就会制造出积极的气场，于是就会吸引来一些积极的事物，从而给你指明走向成功的道路；相反，如果你的意念和想法都是消极的，那么就会制造出消极的气场，吸引来的事物当然也是消极的，这必然会使你更容易走向失败。对于很多人而言，他们还没有意识到吸引力法则和气场的作用，但是，它们一直伴随着每个人而发挥着作用。

日本首富孙正义就是一个运用吸引力法则增强自己气场的典型人物。

小时候，父亲就经常和他说："你是天才，长大后，你会成为日本很有影响力的大企业家。"在父亲这种思想的影响下，孙正义在五六岁的时候，向他人做自我介绍的时候就说："你好，我是孙正义。等我长大后将会成为日本家喻户晓的大企业家。"可能在很多大人的眼中，这样的说法只是一个天真无邪的孩子的痴言妄语而已，他们觉得这是不可能实现的。可是，孙正义却不这么认为，在他19岁的时候，便给自己制定了一份未来50年的规划：

30岁之前,要有一份自己的事业。

40岁之前,自己的资产至少达到1000亿日元。

50岁之前,事业走上辉煌的高峰。

60岁之前,事业成功,家庭幸福美满。

70岁之前,把自己的事业交给下一任接班人。

当时,虽然才19岁,可是孙正义就制定了这么长远的计划。在这份计划出炉后,他并不是把它当成文字游戏而仅写在纸上、贴在墙上,而是始终向着自己的目标拼搏,终于让自己的梦想成为了现实。

在孙正义走向成功的过程中,吸引力法则立下了汗马功劳。因为他对成功拥有坚定的信念,他的思想意识是很积极的,所以吸引力法则便为他吸引到很多积极的因素,这些积极因素汇集在他身上,让他的气场不断增强,于是,便把他带上了机遇、好运和成功的旅途。

莎士比亚的作品中有这样一句话:"亲爱的,真正该责备的并非宿命,而是我们自己,是我们自己决定了我们只会是微不足道的人。"人们的意念和想法对自己的人生有很密切的影响。不论做什么事,我们都应该让自己的积极意识产生作用,在积极意识的带动下,激发出付诸行动的动力。倘若你想追求成功,就要先让自己的思想意识不断地向成功靠近,当你的脑海中产生了成功的意识,那些有利于实现梦想的事物才能到达你的身边,给你的气场增添光辉,让你走得更远。

我们都听过这句话:"思想有多远,人就能走多远;梦想有多高,你就能飞多高。"虽然这句话很俗套,可是它所饱含的真理却值得我们永远牢记。总之,倘若一个人能带着积极的梦想和信念上路,那么在吸引力的作用下,就会有更多的积极因素汇入他的气场,成就一个强大的气场,成就一个成功的人。

01 认识气场：
它是改变一切的终极力量

人生奇迹，气场创造

气场的力量非常强大，有了它，不仅能让你在和对手的竞争中处于优势，能让你很好地把握时机，而且当你处于困境的时候，还能给你创造奇迹。这时候的你，将会有很大的收获，这种收获并不是一份合同或者一笔金钱，而是一个世界。

一个只有 10 岁的小姑娘，她的弟弟患上了重病，但是她们家境贫寒，没有足够的钱为他治病。而且她们全家都准备搬到一个小一点的房子里去住，这是因为在交了高昂的医药费之后，他们实在没有能力去支付现在这所房子的房租了。要想让弟弟活下来，就要进行一个手术，只是手术费用太高了，她的父母已经筹不到钱了。

有一天，她爸爸绝望地对妈妈说："现在只有出现奇迹才能救我们的儿子了。"小姑娘听到后便去了自己的房间，把自己的小肥猪储蓄罐拿了出来，她把储蓄罐里面的零钱都倒在了地上，数了数具体数目，然后又把钱全部放入了储蓄罐。

她紧紧地抱着这个宝贵的储蓄罐，悄悄地从后门溜出去，来到了距离她家不算太远的一家药店。她拿出一个 25 美分的硬币放在了药店的柜台上。

一个药剂师看见后问她："小姑娘，你想要什么？"

"我要给我弟弟买药，"小女孩回答说，"他患上了重病，我想为他买一个奇迹。"

"买什么？"药剂师有点不敢相信自己的耳朵。

"我弟弟叫菲克鲁，他的脑子里长了一个东西，听我爸爸说，现在只有奇迹才能救他。请问，买一个奇迹需要多少钱？"

"姑娘，很抱歉，我们这里并没有奇迹。"药剂师伤心地回答说。

"我一定要买到它。倘若我的钱不够,我还会想办法再多弄些钱。请您告诉我需要多少钱能买到它。"

听了小姑娘的话,旁边一位衣着考究的顾客便问小姑娘:"孩子,请问你弟弟究竟需要什么样的奇迹?"

"我也不清楚,"她两眼闪烁着泪光,"我只知道他病得很重,妈妈说他的病必须做手术才行。可是手术费太贵了,我爸妈根本拿不出那么多的钱。所以,我就把自己攒下的所有钱全都拿来买奇迹了。"

"你有多少钱呢?"那人问。

"一美元十一美分,我会尽量想办法再多弄到一些钱。"小姑娘回答的声音轻得几乎听不见。

"好,真是妙极了,"那人微微一笑,"你的这一美元十一美分正好能为你弟弟买奇迹。"

说着他接过了小姑娘的钱,并对小姑娘说:"孩子,带我去你家,我想看看你弟弟,见见你父母。看看我是否能给你弟弟一个奇迹。"

原来,那位衣着考究的人就是神经外科的著名医生卡特。在了解了菲克鲁的病情后,他决定让菲克鲁在他所在的医院进行手术,并亲自担任他的主治医师,而且进行免费手术。虽然这个手术难度很大,但一切都进展顺利,术后没多久,菲克鲁就恢复了健康。

"那个手术,不能不说是一个奇迹。"她的妈妈轻声说,"我想知道这手术到底值多少钱?"

小姑娘甜甜地笑了,因为她的确知道这个奇迹的价格——一美元十一美分,再加上一个小孩子的异常坚定的信念。

01 认识气场：它是改变一切的终极力量

故事中 10 岁的小姑娘甚至连"奇迹"是什么也不懂，可是她有一颗美好纯真的心，她爱自己的父母和弟弟。所以，她有一个非常坚定的信念，即让弟弟脱离生命危险。于是，她因此便拥有了一个小小的奇迹气场。虽然这个气场没有丘吉尔和斯大林的气场那么强大，也没有比尔·盖茨的气场那样幸运，可是这个气场来源于内心的爱和信念。在这种气场的推动下，小姑娘终于用"一美元十一美分"换来了她所需的"奇迹"。这让我们无不对她的气场惊叹。

由此可见，只要你充满希望，相信自己的气场，那就能为自己争取到创造奇迹的机会。

QI CHANG XIU
LIAN ZHI
ZHONG JI SHI ZHAN

做你自己,
使内心的气场最强大

失去渴望，气场就会消失

对自己人生失去渴望的人，他们可能就不会有渴望成功的激情，他们或者整天想着天上掉馅饼的事，或者想着一劳永逸的事，这怎么能让自己的气场发挥出积极的作用呢？

人们的气场由以下这些组成部分：

势

一个人能够在恰当的时机，把自己的雄心或目标展现给大家，这就是"势"，是渴望成功的表现。只有渴望成功才可能为了走向成功而努力，才可能最终如愿以偿。

格局

为人处世能顾全大局，能从长远出发，有很强的规划能力，这就是一个人气场格局的体现。"势"代表了激情，而"格局"则是理性的体现。

人气

人气也是气场不可缺少的因素。它包括感染力、领导力和人脉三个方面。我们从生活中就可以发现，有理想的人不少，可是有人气的却比较少。所以，我们不能不说，人的气场并不是完整的，在很多人看来，只有外在人气是值得追逐的,可是他们却忽视了对内在的势和格局的凝练,这三个都是气场的重要元素,密不可分。

渴望造就气场。在气场的各个组成要素之中,当产生渴望的时候,我们的气场因素"势"就开始逐渐发挥作用,于是,就会逐渐推动其他的因素发挥作用。其实梦想就在距离我们不远的地方,谁有勇气伸出"渴望"之手,谁距离成功就越近。

一个叫德里欧奈的美国商人,他年轻的时候先后去日本和中国做生意。在他36岁那年,回到了美国,这时,他已经从当初一穷二白的毛头小子变成了身价数千万美元的富翁。在接受美国的一家媒体采访时,德里欧奈是这样讲解他的经历的:

倘若当初没有强烈地渴望改变生活,那他这几年可能还在曼哈顿的街头做一些骗人的小勾当,可能还是一名没有职业的小混混。

当年,对德里欧奈刺激最大的其实并不是贫穷,而是他的朋友或亲人们,他们的生活几乎都发生了巨大的变化,过上了让德里欧奈羡慕的富裕日子。几乎每个人都在努力工作赚钱,只有他还在不断地浪费光阴,而且当时的他竟然还觉得自己的生活很时尚。他很赞成世界末日的观点,所以,每当有人劝告他不要再无所事事了,要努力找工作赚钱时,他就会将自己的口头禅搬出来应对:整个地球都要毁灭了,我做这些事情还有什么意义?

后来,有一件事让德里欧奈改变了自己的人生态度。

一次,堂兄将他拒之门外,并且愤怒地对他说:"非常抱歉,德里欧奈,这里根本就没有你的晚餐。"

堂兄的话让他很气愤,于是他便离开了家,漫无目的地走在街道上。他觉得自己目前的处境很悲哀。他想:为什么他们要这么对待我?要让他们改变对我的态度,除非我能达到和他们平起平坐的程度。

于是他发誓自己要成为一个有用的人,那些别人所拥有的一切,他也一定要拥有,他要成为一个有钱人。

在此之前,德里欧奈根本就不在乎工作挣钱,他对金银珠宝和与财富相关的所有东西都很鄙视。所以,他根本就不希望自己成为一位努力挣钱的人。可是,在残酷的现实面前,他的立足之地越来越狭窄,就连和他关系最好的堂兄都开始这样对待他了。

德里欧奈决定自己要崛起。于是,他便开始在曼哈顿推销电器。挣了一笔钱后,他听说在亚洲的日本和中国做服装生意很赚钱,于是又去了日本和中国;经过了十多年的奋斗,他的产业发展很快,而且成立了自己的服装公司,旗下拥有十几家分公司,而且已经形成了自己的品牌。

试想,倘若当初被堂兄羞辱之后,他还是不放在心上,继续自己闲散生活的话,现在的他会是什么样子呢?肯定没有现在如此风光的生活,至少不能成为一个成功人士。在那种情况下,他产生了渴望,继而为了自己的渴望而付出了努力,所以取得了成功。

因此,我们应该学会保持渴望的状态。虽然有了渴望还不一定能取得成功,可是如果没有渴望,那必然就不会产生成功,即使机遇送上门来,都可能和你擦肩而过。当我们失去了渴望,自己的人生就会没有任何目标,生活也会因此而变得毫无意义,就更谈不上有气场了。而拥有一颗渴望成功的心,就有了走向成功的良好开端,就能让自己的气场发挥出更大的作用。

拥有高度负责的态度,让自己的气场温而有度

在我们的生活中,有很多东西都是建立在责任这个基础上的,倘若

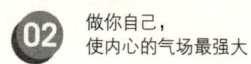

没有相互之间的责任存在，可能我们的生活就会失去很多有意义的东西。比如情感、信用等这类美好事物，都是在我们付出责任的基础上才得到的。

一个人生活在这个世界上，就应该知道自己的责任所在。只有学会了对自己负责，才可能在人生旅途中描绘出属于自己的天空。对自己负责的人，才可能有强大的内在力量支撑他前进，而这也正是气场的产生之源。

不论我们担当什么角色，都有一份应该承担的责任。虽然我们常说"难得糊涂"是一种人生境界，可是当面临责任的时候，我们可不能糊涂，人人都应该对自己的责任有个清楚的了解。对自己负责是人生成熟的标志，也是走向事业成功的基础。

当我们对自己的一切高度负责了，才可能去努力处理好自己所遇到的每一件事，让自己的气场越来越强大。否则，对自己不负责，遇到该做的事情没有做或者不断拖延，而且还给自己找借口，这只能让你的气场灰飞烟灭，让你永远和成功无缘。

借口的本质就是推卸责任，倘若一碰到问题就要给自己找各种开脱的理由，那么我们的气场肯定会被削弱很多。

寻找借口就像吸食毒品一样，会让人产生依赖性。当有了第一次给自己找借口的事情，那就可能让我们尝到这样的"甜头"，于是，就可能会产生第二次、第三次……因为经过了前面的实际验证，你就可能会认同寻找借口的行为。可是，如果这成了习惯，那就是非常可怕的事情，在这样的情况下，你的工作会变得拖沓而没有效率，从而让你变得消极而一事无成。于是你就可能会变得颓废，没有精神，更谈不上让自己的积极气场来影响其他人了。

一家研究机构做过调查，近二十年来，全球各国著名企业的董事长中，从美国西点军校毕业的就高达一千多名，副董事长则高达两千多名，而总经理或董事这一级别的人数更多，达到了五千多名。

在西点军校，有这样一个传统，当军官要求学员回答问题时，通常只有四种回答方式："报告长官，是"、"报告长官，不是"、"报告长官，不知道"、"报告长官，没有任何借口"。除此之外，不能多说一个字。

这就是西点军校没有任何借口的行为准则，是西点军校最重要的理念之一。这样的做法，要求学员对于遇到的问题，要尽自己最大的努力，而不是为自己没有完成任务而寻找各种借口，即使是看上去比较合理的借口。在这种理念的督促下，很多西点军校的毕业生都成了行业的佼佼者。

那些对自己不负责任的人，在事情失败后总是习惯于找借口；而那些对自己负责任的人则不同，他们总是习惯于总结教训，找正确方法。所以，做一位时时刻刻都对自己负责的人，这才能成为自己人生的设计师，才能掌握自己的命运，得到他人的尊敬和爱戴，成为大家学习的榜样。

强大的气场来源于强大的内心，而对自己负责的人才可能让自己的内心变得强大，进而充实自己的气场。一个善于对自己负责的人，是不会轻易妥协的，因为他不想让自己的生命变得没有意义，他不想让自己碌碌无为，所以，他们总会让自己的人生轨迹画出一道完美的弧线。

在挫折中磨炼意志，完善人格

挫折往往是创造成功的大师，同时也能很好地磨炼我们的意志。那些战胜挫折的人在和挫折作斗争的过程中，会让自己的人格更加完善，让自己面对困境和解决复杂问题的能力得到提升，同时让自己在经历了暴风雨的洗礼之后闪耀着夺目的光彩，拥有一般人所没有的强大气场。

如果我们拒绝了失败，那就等于拒绝了成功。如果我们总是害怕失败，而且想让自己拥有不怕失败的态度，那就应该记住这句话："如果你

02 做你自己，使内心的气场最强大

问一个善于溜冰的人如何获得成功，他会告诉你：跌倒了，爬起来，便会成功。"面临挫折，没有必要退缩，而是要拿出自己的勇气去战胜它，一旦我们取得了成功，我们的意志和人格会让我们的气场更上一层楼。

我们用什么态度去面对生活，那么生活也将用什么样的态度给我们回馈一切。法国著名作家巴尔扎克说过："世界上没有绝对的事，苦难对于智者是垫脚石，对于强者是一笔财富，对于弱者却是万丈深渊。"这说明了态度的力量是巨大的，水能载舟亦能覆舟，态度对于我们的人生也是同样的道理。消极的态度会产生阻力，让我们的人生变得灰暗，积极的态度能生成动力，让我们的事业走向辉煌。

其实态度就是一种信仰，一切皆有可能，只要我们不向命运低头，那么命运就会掌握在我们手中。每个人总会有一些无所适从甚至举步维艰的迷茫岁月，那些取得成就、有所建树的人没有谁不是从逆境中走出来的，从这个层面而言，我们可以认为：态度决定了我们未来的生活状况。

卡耐基说过这样一句话："山谷的最低点正是山峰的起点，许多走进山谷的人之所以走不出来，正是由于他们停住双脚，蹲在山谷里烦恼哭泣的缘故。"从这句话中我们可以看出，其实处在什么起点、什么高度和什么地方都不是重点，最重要的问题是我们应该尽快地看到自己的方向，确定下一步该往哪里走。

不要让自卑主宰我们的生活，要做一个乐观自信的人。就算失败也没关系，不要沮丧，也不要气馁，我们依然要尽快找到自己的前进方向。

只有当我们敢于直面生活中的挫折和不公平，不躲避，也不放弃，拿出自己的信心和行动，努力做出改变，那么，这个努力拼搏的过程就是我们完善自己人格的过程，同时也是体现和提升自己积极气场的过程。

行走在大漠中的旅行者迷失了方向。这时，他带的水和干粮也都消耗殆尽。当他翻遍了身上所有的口袋后，才找到了一

个青苹果。"哇，我竟然还有一个苹果！"旅行者是那样的惊喜。

于是他把那只苹果紧握在手中，开始继续在沙漠中寻找出路。干渴、饥饿、疲乏时时刻刻都会向他下达战书，每当这时候他都会看一看手中的苹果，舔一舔干裂的嘴唇，于是就会产生一股动力。

过了一天，两天，三天……终于在第四天的时候，他看到了村落，原来自己已经走出了荒漠。这个时候，他那干裂的嘴唇上已经出现了好几道裂口，可是他依然没有咬过一口苹果，还是把它像宝贝似的一直紧攥在手里。

这个故事的确让我们感到很惊叹，一个看上去如此不起眼的青苹果，竟然会让人产生如此巨大的力量！

的确不错，信念的力量就能创造这样的奇迹！它之所以伟大，就伟大在当面对不幸的时候，它也能唤起我们的生活勇气；当我们身处逆境的时候，它也能帮助我们扬帆起航。信念，是我们心中一团永不熄灭的火焰。信念，是追求成功的内在驱动力。

在人的一生中，我们可以发现很多问题，然后又能找到解决问题的方法，可是所有的方法归结到一起，那就是成功的信念和欲望。我们不可能总是青云直上，不可能事事都称心如意。虽然有的人身体可能先天不足或后天患病，可是他依然能成为生活的强者，依然能创造出正常人都很难创造出的奇迹，他凭借的就是信念。这种坚持到底的信念也会让一个人树立起钢铁般的心理长城。

遭遇挫折的时候，不是我们畏惧和回避的时候，而正是我们勇敢去正视并打垮它的时候。我们在挫折面前越懦弱，结果就越会让我们失望，这样我们将必败无疑。只有我们拿出自己毫不畏惧的勇气，凝聚最大的气场，才能提升我们的能力，改变我们的人生。

让智慧给你的气场加分

智慧在很大程度上决定了我们气场的大小和强弱。同时，智慧也是我们取得成功和提升气场的动力源泉。倘若一个人才华横溢，可是欠缺智慧，那么就算他上通天文、下知地理，这对他的气场恐怕都没有帮助。

古时候有一位国王，虽然他拥有至高无上的权力和威信，可是他是一位残疾人，因为他的一条腿在战争中失去了。但是，他依然觉得自己雄姿英发。为了能让自己被后人瞻仰，有一天，他下令在全国范围内请最好的画家给他画一幅像。

经过了层层筛选，最终有3位画技最高的人脱颖而出。

在接下来的考核中，第一个画家给国王的画像很逼真，简直都能和照片媲美。但是，国王看了之后火冒三丈，他厉声说道："我就是这个样子吗？这幅画像完全和残疾人没什么两样，还怎么让后人看！"说完就把这位画家关进了大牢。

第二位画家吸取了第一位画家的教训，他不敢据实作画，于是就把国王因战争而折掉的那条腿也画了上去，整幅画像英俊无比。可是国王看了依然非常生气，他几乎咆哮起来了："这个一看就不是我，你这么做不是在讽刺我吗！"这位画家的命运和第一位没有什么两样，他也很不幸地进入了大牢。

第三位画家画得很有新意。他画了一幅国王单腿跪下、闭上一只眼睛侧身瞄准进行射箭的画面。这幅画很巧妙地把国王的缺点掩盖住了，与此同时也没有违背现实。所以，国王一看，龙颜大悦，对他进行了重赏。

这就是智慧的魔力。有的时候，胜利者和失败者从技艺、能力上其实并没有多大的差别，而最终的成败就看谁更有智慧了。智慧可以让人的气场得到提升，同时也可以让人在关键时刻扭转局面。那些有智慧的人，他们的气场通常会比普通人要强大很多，往往能引起人们的关注，成为他人崇拜和尊重的对象。

智慧就是我们上进的力量，有了它，我们体内的潜能就会被激发出来。其实对每个人而言，都有很多没有发挥出来的能量，这种能量就是潜能，潜能一旦被激发出来，就会给人生带来无法想象的改变。智慧则是激发这种能量的导火索。倘若一个人意识到了这种力量的存在，而且用更加积极的态度去对待和运用它，他最终一定能如愿以偿地得到人生硕果。

智慧，是我们气场由弱变强的推进剂，在人生的道路上，倘若我们有着很高的才华，那么智慧会让我们的人生变得更加绚丽多彩。只要我们能比别人更有智慧，那么成功对我们来说就会变得更加简单。

积极利用你已经拥有的东西

通常人们都认为，模仿成功者便能取得成功。但是事实并非完全如此，生活中有不少人经过自己的实践后发现，不是所有的成功都是能模仿到的。比如比尔·盖茨，很多年轻人都把他当作模仿的对象。

在许多年轻人眼中，比尔·盖茨在大学中途放弃学业，最终成就了一番大事业。于是，盲目的他们就认为文凭对自己的未来没多大用处，所以他们就想：那我们为什么还要这么守规矩呢？怎么就不能像比尔·盖茨一样抛弃没用的书本知识，离开没有意义的课堂，而去在现实生活中做自己喜欢的事情呢？其实，这样的言论是很盲目的，人和人是不一样的，我们每个人都应该从自身能力和周围环境的实际情况出发，而不能想当然。

02 做你自己，使内心的气场最强大

我们不应把自己草率地和他人去做比较。你是否知道，比尔·盖茨没有读完大学就退学有这些优势：

首先，他的家境富裕。他的父亲是一位资深律师，母亲是银行家的千金，所以，自小他的物质条件就特别丰富，有很多机会去接触和学习新鲜事物。

中学时代，盖茨是在一所私立学校度过的。该学校曾花费3000多美元购置了一批编程机器。所以，年仅13岁的盖茨便有机会去接触计算机编程了，这让他成了全球第一批接触计算机编程的人员之一。在他从哈佛退学之前，他的计算机编程经验已经超过了一万小时。这一切，让盖茨完全没有后顾之忧，所以他能够放心、从容地退学去创业。

其次，当时在哈佛的学习，没有让比尔·盖茨感到有兴趣的科目，虽然他对计算机这个领域非常喜欢，很想学习，可是那个年代哈佛还没有开设计算机专业，从全球范围来看，当时的计算机领域才开始发展，体系不成熟，还没有达到能在高校开设课程的程度，所以，他在哈佛读的是法律专业。这和他的喜好相差太远，所以他放弃了学业。

第三，比尔·盖茨能在计算机领域做出自己的巨大贡献，这与他家显赫的家庭背景不无关系。当初正是由于他的母亲玛丽·盖茨为他联系了各方面的资源，为他创造了这个平台，否则，当时的比尔·盖茨一个毛头小子，大学都没读完还想进IBM，那怎么可能呢？更谈不上他去创造属于自己的事业了。

所以，有了上述重要的外在条件后，比尔·盖茨的商业眼光和技术才能真正派上用场。我们可以想想自己的各方面条件，想想自己的家庭条件怎么样？会有人给我们提供打拼的机会吗？因此，不要一味盲目模仿他人，人和人的条件都是不一样的，要走自己的路。

当然，我们并不是说要想成功就一定要拥有像比尔·盖茨那样的条件才行。任何人都有自己的优点和特长，我们只要能将自己已经拥有的东西综合利用起来，让它们发挥最大的作用，就同样可以打造出属于自

己的一片天。

《鲁滨逊漂流记》中的主人公鲁滨逊，就是善于利用自身现有条件的典范。

当他遇到船难而流落荒岛时，他既没有抱怨自己的命运，也没有情绪低落地哀叹，而是在完全与世隔绝的情况下，利用岛上的一切可用的资源和自己在做水手时训练得到的各种技能，包括地理方位标示、天象人文观测、日移与潮汐变化等计法。他不顾危险，挑战极限，终于在多年的努力下成功返回到了亲人身边。

从这个故事中我们可以看出，只要我们拥有一技之长，能将尽可能多的资源进行整合利用，就可能给自己创造走向成功的机会。所以，从现在开始，我们不要只是一味模仿成功人士，而是要把自己现在已经拥有的东西把握好，利用好，这就能为我们打造出强大的气场，从而创造出美好的前程。

学会换个角度，始终保持内心强大的气场

生活中，人们难免会出现思维定势，它会僵化我们的思维，扼杀我们的创意。这时候，我们就需要学会去换个角度想问题。

当你换个角度去面对生活的时候，你会发现，自己的思维定势已在不知不觉中被破解，新意也会涌上你的心头，你所面临的困难也会出现转机。换个角度会让我们的气场能量依然保持积极向上。

20世纪30年代初，美国遭遇了史上最严重的一次经济危机。

02 做你自己，使内心的气场最强大

当时，银行关门、企业倒闭、工人下岗，美国经济几乎陷入瘫痪。这时候要找到一份工作可不是容易事。当时，一位年轻的姑娘用了好几个月的时间终于找到一份工作——珠宝店的售货员。

圣诞节前夕，珠宝店里来了一位年轻的男顾客。这位顾客穿着干净整齐，一看就是个有修养的人。但从他的忧郁表情上可以看出，这次的经济危机，给他的事业也带来了沉重的打击，他正承受着事业失败的不幸。

当时已到下班时间，顾客们相继离去，其他的店员也纷纷走了，店里只留下这位年轻姑娘一个人。"欢迎光临！"姑娘微笑着对那位男顾客说。那位男子很不自然地笑了一下，赶紧将目光从年轻姑娘的脸上移开，好像在说：我只是随便看看而已，你可以不理我。

突然，电话响了起来。这位姑娘准备去接电话，正往电话机旁边走，可是不留心将柜台上的一个盘子给打翻了。这个盘子里盛的是5颗闪闪发亮的宝石。于是，姑娘急忙弯腰去捡。可是，盘子里共有5颗，她在地上找来找去还是只有4颗。姑娘正纳闷呢，抬头向四周一看，发现刚才的那位男子正在向店门口走去。

此时，她想到了第5颗宝石在哪里。那位男子刚打开门，年轻的姑娘柔声叫道："对不起，先生。"那位男子转身过来，两人目光对视，可是都没有说话。年轻的姑娘开始害怕了：要是这个人拒不承认怎么办？要是他动粗怎么办？……"怎么啦？"还是男子先开了口。

年轻姑娘极力控制自己的紧张心情，她鼓起勇气对那位男子说："先生，这是我的第一份工作，现在找个事儿做的确很不容易，我想您也深有体会，是吧？"

"是的！确实是这样。"他回答，"但是我可以肯定，你在这

里将会干得不错。"说完,他向前走了一步,把手伸给她。"谢谢!"年轻姑娘也伸出手,两只手紧紧握在一起,这时候,年轻姑娘感到,那颗宝石正好在自己的手心。随后,男子缓缓离开,消失在暮色中。年轻的姑娘看着这个逐渐消失的背影,将手中的第5颗宝石放到盘子里……

这个故事告诉我们,生活中遇到困难时换位思考,以你的真诚和爱心打动对方,便可以得到美好的回报。那位年轻的姑娘就是成功地运用了换位思考的方式,打动了男子的心,使他改变了自己当初不正确的行为。

由此看来,当你受到别人伤害的时候,要是依然能真诚地站在对方的角度,想到他们的需求和感受,这时在积极气场的影响下,你意想不到的回报就可能会悄然降临在你身上。

换个角度,你将会拥有一个全新的世界。平日里,你可以选择一些自己喜欢的项目多参加健身活动,在运动中转换自己的思维;节假日,你可以选择离开闹市,多多亲近大自然,享受阳光,这样也能转换你的思维角度,让你能从紧张的工作和生活中放松下来,同时也让你的气场得到重新焕发活力的机会。

人生不如意事十之八九,就像一座山一样,有高峰也就必然有低谷。当你走到人生低谷时,切不可自卑,更不要有破罐子破摔的态度。此时,你不妨换个角度:正是由于人生会有不少失败,所以我才付出百倍的努力,才懂得把握现在,珍惜拥有。即使我的努力没有取得暂时成功,但这次经历也是我成长路上的一笔财富。

所以,当我们处理事情和解决问题的时候,从一个角度看,你可能找不到突破口,一筹莫展,换个角度去思考,你就会发现,原来这个问题并不难解决。这样,你的态度积极了,气场也就积极了,从而形成良性循环,让你的人生越走越成功。

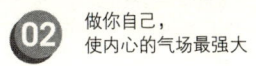

做自我引导，提升你的"志商"水平

在每个人的心里，都蕴藏着一种强大的力量，这种力量对我们的气场有很大的帮助和提升。当这种力量在没有被唤醒之前，它一直不会发挥作用。而那些懂得让它的力量发挥作用的人，则早已受到它的恩惠，成为各行各业中的领头羊。事实上，这种力量并不是我们通常所说的智商、情商或者财商，而是"志商"，也就是人的意志力。

其实，现实中许多人的意志力都经不起考验，他们的生活也只能说是随波逐流。虽然他们可能曾经也产生过改变现状的想法，只是每次都成了意志力的手下败将。因此，提升"志商"对我们每个人而言，都是意义深远的事情，它将让我们受益终生。

我们可以从以下几点做起：

要摆正心态

我们没有必要时刻都把自己放在考验意志力的状态下，因为这样反而容易出现反作用。心理学研究表明，当我们越在意意志力对事情所产生的影响，我们的意志力就越容易被耗尽，而且事情也很容易半途而废。所以，要摆正自己的心态，以轻松的状态投入到工作和生活中去。

做自己觉得有意义的事

在一般情况下，当我们觉得做这件事有意义，那就会乐意去做，这样一来，我们就会下意识地减少对这件事的排斥心理，从而让自己的行为更能长久地持续下去。所以，当我们做的事符合自己的心理倾向时，这件事情往往能更容易完成，这对培养我们的意志力也很有益处。

要善于做好计划

做事情前制订一个详尽的计划，对可能出现的问题事先做出预测和安排。这样就算在执行的过程中遇到问题也不会因措手不及而弄得焦头烂额。更重要的是，制订计划能增强我们做事的信心，从而也让我们的意志力走上新台阶。

不要太贪心

做事不要总想着一举多得，不要总想着一劳永逸，因为这样的事情不会总发生。它只能将我们的意志力分散，让我们没有足够的意志力去完成任何一件事。

控制自己的思想

意志力的强弱在通常情况下会与思想控制情况有直接联系。西方的一位哲学家曾经说过："一旦你意识到你能够让积极的思想排挤掉消极的思想时，你就朝着自律一生前进了一大步。"所以，无论我们做什么事情，都要记住，让自己的思想始终保持在积极的状态。

学会分解目标

有的人把自己的目标定得很长远，这当然没有错，关键是长远目标的实现不是一朝一夕之事，我们很容易在执行的过程中半途而废。所以，为了防止这类事情的发生，我们应该学会分解自己的目标。具体而言就是把自己的大目标分解成若干个小目标，然后逐步去实现。这样操作起来会简单很多。

学会适当的休息

任何人的精力都是有限的，当我们全力以赴完成了一件事情，我们各方面的消耗都是很大的，比如体力、意志力等等。这时，我们应该让自己有一个休息的时间，以便积蓄力量去完成下一阶段的任务。这样就能让我们的意志力、体力等得到一定的恢复。否则，总是处在人困马乏的阶段，做事情很可能会心有余而力不足。

在这个世界上，能真正对我们负责的人不是别人而是我们自己。决定命运的尚方宝剑就在我们自己手里，就看我们能否用好。而要想让命运的尚方宝剑发挥出最大作用，我们要快速提升我们的"志商"水平，当我们的"志商"强大了，才能在面临障碍的时候不畏惧，不退缩，我们的梦想才不至于落空。

做做心智练习，建立新习性

自然界中的所有动物都有自己的习性，比如蝙蝠有昼伏夜出的习性，猪有好吃贪睡的习性。其实，我们人类也有自己的习性。比如诚实、勇敢、散漫、懒惰等等，这些都是人类习性的不同表现。

好的习性能够营造良好的气场，让我们更积极地面对生活，从而有更大的机会敲开成功的大门；而坏的习性对我们的前程并没有帮助，它只能让我们在困难面前一蹶不振，直至最终的失败。虽然我们的很多习性都是先天形成的，可是后天的培养也对习性的养成有很大影响。

下面，我们就来看看如何通过心智练习来建立我们的新习性。

第一，我们要先给自己寻找一个环境，这种环境要能因我们的坏习性而对我们产生不良影响。比如，在平日里非常缺乏耐性，每次去银行办事，看到排队的人太多，我们可能就会在排了一段时间之后转身离去。在这种情况下，我们既浪费了刚开始的排队等待时间，还把自己应该完成的事情拖延了。这就是我们可以选择的场景，现在我们可以假设自己已经进入到这样的情境中。

第二，我们要找到经常让我们转身而去的那个时间点，然后想办法找出可以替代这种缺乏耐性行为的新行为。那么我们通过什么方法来找出这个新行为呢？

这时我们可以尽量发挥想象力，尽可能地思考多种选择。比如，我们可以选择从旁边的报刊架上拿一份报纸；也可以选择拿出MP3，戴上耳机听音乐等等，不论我们选择什么方法，最终的目的就是要让自己坚持等待下去，而不是半途而废。

要使用这种方法，我们就应该随身携带一两样工具。倘若我们目前还没有这样的习惯，那么就要先把这个习惯培养成。

当然，生活中也有一些人在排队等候的场合不携带任何物品，这样做我们也不能予以否定。因为有的人能在没有任何工具的情况下，通过哼着小调或是默背心爱的诗词，再或是在脑海中进行各种想象来消磨排队等候的时间。这样看来，它可能比前一种习性更好。

还有一个问题，多数人在掌握这个方法后不能很好地坚持下去，进而影响了新习性的养成。其实，大多数情况下并不是人们主观上不想做得更好，而是人的天性就是如此，常常忘记本要做的事。这就要进行心智练习的第二阶段，把新行为与某个触发事件做联结。

触发事件就是可以提醒你的旧习惯，或是可以与新习惯联系起来的事。例如排在长长的人群之中，对于缺乏耐性的你这绝对是触发事件。触发事件发生的频率越高，对你想起新行为的刺激越大，你的新习性也更容易建立。触发事件不是每天都会发生，所以我们可以借助触发因子勾起对触发事件的记忆。例如你每天拿起钥匙的时候，就想着把MP3放进口袋。这时钥匙就是触发因子，令你想起触发事件。当然你也可以寻求其他触发联结，把MP3放在钥匙的一旁，这样记起来就更容易了。

心智练习也要注意，一定要坚持，要不断地重复练习，因为好习惯是在长期锻炼中形成的。一个新行为，需要不断地重复才能取得成功。当我们坚持下去了，才可能让自己形成一个好习惯，而在好习惯的促使下，我们的气场也会逐渐得到提升。

心智练习的目的就是为了改变我们那些不好的旧习惯，让自己的思想和行为都走向正轨，让我们的气场能量给予我们力量，促使我们成功。

积极的气场从哪里来

对我们而言，消极的态度是非常可怕的，它总是想尽一切办法来蚕食我们的心灵。你的态度是什么样的，你的气场就是什么样的。我们的气场在积极态度的引导下，会变得更积极，更强大。相反，在消极态度的影响下，气场也会越来越消极，从而让我们的人生笼罩在消极的乌云

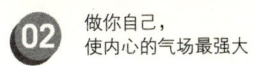

之下。

有这样一则故事：

> 一位年过六旬的老太太，按常理说，到了晚年应该享享清福。可让人出乎意料的是，她生活得一点也不快乐，整天都情绪低落，无论什么天气，她几乎没有一天开心过。
>
> 村里的人看见她这样的状态，都不知是什么情况。一天，村里来了一位老禅师，当他听人们说了老太太的事情后感觉到很好奇，于是便来到了老太太家里了解情况。
>
> 老太太告诉禅师说，她之所以整天不高兴，就是为自己的两个女儿担心。她说，她的大女儿是开染坊的，小女儿是卖伞的。每当下雨的时候，她就担心大女儿的染坊生意不好；而每当天晴的时候，她又担心小女儿的伞卖不出去。所以，她整天都为她们担心，所以心情没法好起来。
>
> 禅师听了老太太的话后，劝导她改变一下消极态度，让她从积极的方面出发看问题：如果天下雨，小女儿的生意就会好；而如果天晴，则大女儿的生意就会兴隆。
>
> 经禅师这样一开导，老太太顿时觉得心情好多了。从此以后，她的生活态度改变了许多，再也不愁眉苦脸了，日子开始变得甜美幸福起来。

事实上，老太太的生活并没有什么根本性的变化，只是她的生活态度发生了变化，她的态度积极了，所以气场也积极了，于是就为她带来了不同的感悟和生活。

其实生活本来就没有所谓的完美无缺，而倘若我们总是从消极的角度去认识它，那么我们看到的一切都将无比黑暗。这是因为我们消极的心理，让自己的气场披上了消极的外衣，所以这个时候，我们会认为整个世界都是消极的;相反,倘若我们从积极的角度去观察它,这个世界都是光明的。这是因为积极的心理产生了积极气场,所以我们眼中的一切都是积极的。

在生活和工作中遇到挫折时,我们应该精心思考究竟问题出在了什么地方,这才是正确的做法。通过思考我们就会发现是自己的方法出了问题,并不是上苍不照顾我们。当我们的人际关系出现问题时,就应该多自问自省,这样我们就能明白是由于自己在待人接物方面还做得不妥当而造成的,并不是别人有意针对我们……这就是积极的气场。积极的气场就是这样在一点一滴中形成的。

积极气场的核心就是积极向上的生活态度。当我们学会了用积极的态度去替代消极态度,不但我们的气场会转向积极的方面,而且在气场作用之下,身边的很多事情都会变得对我们有利。

我们不要始终抱着消极的态度去面对生活,也不要整天抱怨说自己命不好。真正的原因在于我们没有让自己形成积极的气场,在于我们没有认真付出,没有用对方法;当我们有朝一日变得富有,也不要沾沾自喜地认为这是老天对我们的眷顾,其实这些都来源于我们的积极气场。积极的气场赋予了我们上进的动力,我们在它的推动下付出了辛勤劳动,于是便收获了相应的回报。

生活必然有贫穷和富有,也必然有悲伤和快乐,这一切其实都是气场作用的结果。那些敢于面对生活、热爱生活并且总是能以最积极的态度面对生活的人,才能真正让自己的气场变得积极,从而让自己的人生变得美好起来。

QI CHANG XIU
LIAN ZHI
ZHONG JI SHI ZHAN

03

把控情绪,
打造你的气场能量圈

心态不好,气场肯定受干扰

我们对于万事万物,都可以用两种观念去看待:即正面、积极的观念和负面、消极的观念。如何看待这一正一反就是我们的心态。人们的心态完全是由自己的想法决定的。心态对我们的生活和工作都会产生很大的影响,与此同时,它也会对我们的气场产生影响。

我们来看看这样一个故事:

一位学者去一所大学找来10名学生做试验。其实这个试验很简单,要求这10名学生按学者的指挥,走过一座弯弯曲曲的小桥就完成任务了。学者在试验开始前还提醒他们说:"最好不要掉下去,当然如果掉下去也没关系,下面只有一点水而已。"

这10名学生听了学者的要求后便迫不及待地走上了那座小桥。当他们走到桥的那边后,学者打开了一盏黄色的灯。通过灯光,这10名学生往桥底下一看,顿时都心惊肉跳——原来桥底下并不像学者所说的仅仅有一点水,而且还有几条可怕的鳄鱼。这时,学者问他们:"这回谁有勇气再走回来?"10名学生你看看我，我看看你，就是不敢向前迈出一步。

学者便开导他们说："同学们，大家不要怕，你们可以使用心理暗示的方法，想象自己走的是很坚固而且很宽阔的铁桥……"经过学者的一番鼓励，终于有三名学生站出来打算再次过桥。

结果，第一个人才走了几步就吓得不敢前进了；第二个人边走边打哆嗦，好不容易走了一半便也退缩了；第三个人费了好大劲，总算走完了全程。可是等他走完后，全身的衣服都被汗水浸透了，而且花的时间比他第一次要多出两倍。

这个时候，学者把所有的灯都打开了。大家发现，鳄鱼的确是真的，可是在桥和鳄鱼之间设置了一层铁丝网。只是网也被涂上了黄色，在黄色灯光的照耀下看不清楚。"现在大家完全不用怕了。都走过来吧！"学者对学生们说道。于是学生们开始往桥上走了，结果还有一个学生不敢走。学者问他为什么，他说："我担心那张铁丝网不结实。"

这位学者做这个试验的目的就是为了测试心态对人的气场的影响以及由此而产生的对人们能力和作为的影响。刚开始没有开灯的时候，10名学生的心态都很好，所以大家的气场都是积极的，都很顺利地过了桥。而当打开了一盏灯看见鳄鱼时，10名学生的心态便发生了变化，所以他们的气场也随之改变。消极的气场让所有人越想越恐惧，于是不敢前进了。当所有灯开启，大家都明白了真相的时候，他们便调整了自己的心态，把自己的积极气场重新建立了起来，无所顾虑地走上了桥。只有最后一个学生没有勇气再次走回来，其根本原因还是由于他那负面、消极的心态而造成的。

正面、积极的心态会让我们的气场也变得积极，于是便能产生前进的力量，从而把很多积极、正面的事物都吸引到我们身边；而负面、消极

的心态则会让我们的气场变得消极，这样就会牵绊我们前进的步伐，让一些消极、昏暗的事情来到我们身边。

倘若我们是一个团队的领导或是成员，那么我们肯定对上面的理论有比较深刻的体会。假如，一天早上我们刚来到公司就发现很多同事都看起来充满沮丧，做事没有劲头，于是我们也会产生不安。倘若这个时候，几位同事讨论说："咱们公司这回完了，这个项目损失惨重。""听说咱们老板携款潜逃了！""看来我们从今天开始已经失业了！"只要有类似这样的坏消息，顷刻间会让整个办公室里的人都变得异常消沉，先前那种充满战斗力的状态必然会荡然无存。

倘若我们是其中的一员，一定能感受到这种具有强大传染性的气氛。这是消极心态形成消极气场的强有力的印证。

当然，像这样的传染性也会出现相反的情形。比如，当我们得知公司将面临倒闭的时候，于是便懒洋洋地走进公司，原本打算公司正式通知后就走，可是这时候我们发现大家都在拼命工作。"咱们要努力了，公司的命运就靠我们了！""相信我们这次一定能共渡难关！"在这样的气氛中，我们就可能像马上从梦中清醒过来似的，调整好自己的心态，快马加鞭，投入到紧张的工作中，让自己也融入到整个团队的积极气场中。

既然心态对我们的气场可以产生影响，那么我们为什么不去调整自己的心态呢？为什么不让自己的心态更正面、更积极呢？因为它能让我们的气场更正面、更积极，这样一来，我们的人生也会得到很大的改变。

情绪影响气场状态

每个人的情绪都会根据不同的事情和不同的环境而产生相应变化，这是很自然的。而如果我们在社交过程中不善于控制自己的情绪，说生气就生气，则可能给他人留下不成熟、不可靠的印象，从而导致社交失败。

所以，学会控制自己的情绪对我们而言是一件很重要的事，当然我们也没有必要一定要做到"喜怒不形于色"，这样有时反而会让人觉得你城府太深，不可捉摸。可是，我们的情绪表现绝不可过度，特别是生气。

倘若我们在平日里不易控制自己的情绪，不妨这样做：一旦一件事情刚刚影响了我们的情绪时，可以赶快离开现场，让自己的情绪稳定了再回来，而倘若没有地方可以暂时躲避的话，则可以通过深呼吸来调节情绪，这时不要说话，一会儿就会调整过来。越能控制自己的情绪，我们在别人心目中就越会呈现出"沉稳、可信赖"的形象。

一些伟大人物都可谓是控制情绪的高手，当面对突然而至的变故时，他们依然能做到镇定自若。因为他们很清楚，倘若自己慌乱，那只能使自己的决策受到影响，周围的人更没有主见，这就可能造成整个局面都混乱不堪。于是，他们大都会大喝一声："慌什么？"这句话，其实既是在安慰他人，也是在暗示自己。

下面我们就来学习一下控制情绪的方法：

学会完全主宰自己

要控制好情绪，都要经过一个崭新的思考过程。而这个过程是比较艰难的。因为在日常生活中，总会有很多力量试图去破坏我们的个性，我们都清楚自己很难克服什么样的情绪。所以，对于这些无法克服的情绪就只好接受它们。但我们要明白：只有我们学会按照自己选定的方法去认识事物，才能真正地主宰自己。

善于为自己的情绪寻找适当表现的机会

有的人会在他们激动的时候，去做一些适当的运动，这样就能让因紧张而动员的"气场能量"获得一条出路；有的人会在自己情绪不安的时候找知心朋友倾诉，当他把要说的话都说出来之后，心情自然就会平静许多；也有人通过观光旅游来让自己离开容易引起情绪激动的环境，从而就能避免心理上的不痛快，而当旅游归来的时候，可能就因时过境迁，原有的问题就不再让他为之烦心了。

进行独立思考

每个人的情绪都来自于他的思考,一个人的想法可以控制,所以情绪也是可以控制的。当我们认为是某些人或事给我们带来悲伤、沮丧、愤怒、烦恼和忧虑,其实这种想法并不见得是正确的。我们完全可以改变自己的想法,也完全可以选择自己的感情,于是新的思考和情绪就可以因此而产生。一个健全和自由的人总是通过不断地学习从而用不同的方式去灵活处理问题,这样才能学会主宰自己。

倘若你是乐观的人,就能比较容易地找到控制自己情绪的方法,而且能让自己每时每刻都为有价值的事而生活,这就是聪明的做法。遇到问题能够顺利地解决,当然能为你的幸福增添光彩。倘若你无法解决某个问题时,只要你依然保持乐观的心态,那就能充满信心,这个时候,你就能将自己的情绪稳操在手。当我们为自己的选择而感到幸福的时候,我们的情绪一定是稳定的、真实的。

那些能将自己的情绪顺利控制的人是不会垮掉的,这是因为他们能够主宰自己,能够将自己的气场稳定住。他们明白面临失意时该怎样去寻找快乐,他们明白该如何对待生活中的问题。他们往往不让消极情绪去影响自己的气场,而是通过积极情绪让自己的气场更有魅力。

顺其自然,让心不再动摇

从前,有一位老爷爷留着很长的胡子。有一天,他的小孙女问他:"爷爷,我想知道你晚上睡觉的时候是把胡子放在被子里面呢还是放在被子外面呢?"老爷爷还真被小孙女的问题给问住了,他想了半天也不知该怎么回答。于是到了晚上睡觉的时候,他便特意试了试,可这一试,竟然让他一个晚上都没睡好。因为他发现不论是将自己的胡子放在被子里还是放在被子外都

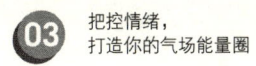

很不舒服。可是在此之前,他从来都没有注意这样的问题,也没有因这事而出现失眠。

这个故事中的老爷爷,其实原来的生活是平静、安逸的,可就是因为太在意将自己的胡子放在何处,所以让自己寝食难安。这表明他并不懂得顺其自然的道理。

人世间的很多事情就是这样,当我们越在意它,它越会让我们感到不自在;当我们越注重它的结果,它就可能越向相反的方向发展。这就像参加一次重要考试,有的人越告诫自己千万不要紧张,而在考场上他就越容易紧张;有的人越想将自己的工作做得更好,却越难以处理好领导给他交代的事。

生活中,人人都难免会遇到一些灾难和不幸,这些对我们而言是无法选择的,也是无法逃避的。所以,当我们面对这些事情的时候,最好的解决办法就是顺其自然,要学会默默接受或不将其放在心上,从而避免让自己陷入痛苦的深渊而无法自拔。

盛夏,庭院的草地因缺水枯黄了一大片。孩子说:"快撒点草种子吧。"

父亲挥挥手,说:"随时!"

中秋,父亲买了一包草籽,叫孩子去播种。

就在这时,吹来阵阵秋风,孩子说:"不好了!好多种子都被吹飞了。"

"没关系,吹走的多半是空的,撒下去也发不了芽。随性!"父亲说。

撒完种子的第二天,就飞来几只小鸟在草地里觅食。这时孩子急得直跺脚:"种子都被鸟吃了!"

父亲说:"随遇!种子多,吃不完!"

夜里下了一阵骤雨，第二天一大早孩子便冲出房间："爸爸！这下真完了！好多草籽被雨冲走了！"但是父亲说："随缘！水冲到哪儿，它就在哪儿发芽！"

十天后，本来光秃的地面，居然长出很多青翠的草苗，原来一些没有播种的地方，也泛出了绿意。这个时候孩子高兴得直拍手，但父亲却点头说："随喜！"

父亲所说的"随"不是随便的意思，而是顺其自然，不强求、不过度、不忘形。他的话道出了人生的真谛。

生活中总有一些人为了追求完美常常绞尽脑汁，而最后还是把事情做得一塌糊涂；有些人为了逃避痛苦，常常殚精竭虑甚至寝食难安，可依然逃离不了上天的责难。事实上，生活中遇到难越的坎儿，那是很正常的事情，我们与其辗转反侧，苦苦思量，倒不如像故事中的这位心胸开阔的父亲一样，做到凡事顺其自然，不要去刻意强求得到什么，说不定就可能会有一番收获。有心栽花花不开，无心插柳柳成荫，说得也是这个道理。

当然，我们这里所说的顺其自然并不意味着要向困难屈服或是坐以待毙，不去寻找和创造机会，而是强调一种不强迫的精神，这是自信和乐观的表现，是让人感到轻松、快乐的好方法，是走向成功的秘诀。

顺其自然是一种处世的艺术，谁能在自己的一生中领会到它并能在自己的生活中得到运用，谁就能给自己的气场增添活力，让自己的生活更美好。

只有不抱怨，才能维系良好气场

虽然我们都知道，抱怨根本解决不了问题，可是生活中，总有不少人

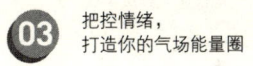

就是爱抱怨。整天抱怨这个抱怨那个，或抱怨自己命不好，或抱怨工作太难做，或抱怨自己的丈夫真没本事，挣不了大钱，让自己跟着受苦受累……

武丹和孙俊哲是恋人，而且还是大学同学，他们的感情一直都很好。毕业后他们打算在北京共同发展，当工作都稳定下来了就结婚。因为他俩都是外地人，在北京没什么关系，所以工作完全靠自己打拼。

武丹在一家广告公司找了一份工作，工资很低，收入以拉广告提成为主。在她进入这家公司的初期，上司带她做了一段时间，给她做了两个单。后来等她熟悉了基本情况后就开始自己独立去跑业务，可是基本上都拉不到客户。每次和客户洽谈的时候，人家都说考虑考虑，而最终等到的则是一次次谈判的失败。

她不但在客户那里碰壁，而且回到公司后又受到上司的折磨。对每个经手的广告文案她都会花费很大的心思，精心构思，工作到大半夜。如此努力，可是当她满怀信心地把自己的任务交上去时，在上司那却被批得体无完肤。她心里很不是滋味，回家就跟男友抱怨。

她的男友孙俊哲在一家新成立的营销公司做策划，他在营销方面的经验比较丰富，所以就得到了老板的重用，经常将公司的重要项目交给他负责。所以，他每天都很忙，总是早出晚归，就连晚饭都很少在家吃。

这种情况和原先在老家的时候产生了很大的不同。当时在老家的时候，男友对武丹相当照顾，家务活都是男友包办，而且男友还经常给她做大餐，在周末的时候，总是陪她去逛街什么的。而来到北京后，这种变化让武丹有点接受不了。所以她便抱怨男友对自己的关怀少了，连个电话也不打给她，陪她逛街那就更不可能了。而且武丹还抱怨男友对她工作上的压力不闻不问，每次回到家里倒头就睡，更别提什么浪漫晚餐了。

由于工作上的不顺，加之生活上和先前的差距那么大，武丹牢骚满腹，而且想辞掉工作。男友听了她的这些话后就觉得她不会总结改进工作，不懂得搞好人际关系。

于是两个人就这样在观点上产生了分歧，开始经常小吵小闹，两人的关系一下子疏远了。

事实上，爱抱怨的人都是当自己感到不顺的时候开始抱怨，上述案例中的武丹就是这样。她抱怨男友，可是最后的结果怎么样呢？经常吵闹，不但没有把自己的问题解决，而且还影响了自己和男友之间的关系，这就太不值了。

生活中，爱抱怨的人比比皆是。当他们看到别人的光辉灿烂而自己相差甚远时，就觉得对方是上帝的宠儿，享受了一切非分的福气。所以，"为什么我会这么不幸？""为什么周围人都过得比我好？"等这类抱怨的话就会每天响彻耳边，让自己沦为一名惯性抱怨的人。

人生不可能事事都顺，偶然发泄一下当然无可厚非。可是，倘若惯性地抱怨他人或自己，那就不好了，抱怨的态度会让我们的气场吸引来更多想要抱怨的事，它不会带来任何有益的东西，而只能降低我们处理和解决问题的能力，同时还会影响我们对生活的热情，破坏自己的人际关系，让我们周围的一切事物都走向更坏的方向。

倘若我们还把抱怨当作自己的生活习惯的话，这样的生活是非常乏味的，我们的未来也将是灰暗的。既然抱怨对我们没有任何益处，那我们为什么还要抱怨呢？

所以，我们不要再抱怨自己的丈夫穷、妻子丑；不要再抱怨自己没有出生在一个富裕的家庭里；不要再抱怨自己的工作那么累，而工资还那么少……其实，现实生活总有不尽人意的地方，我们应该把这些不如意当

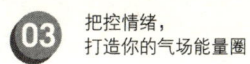

成走向成功人生的垫脚石，学会不抱怨，维系更好的气场，让它帮我们登上辉煌的高峰。

猜疑，让气场失去吸引力

除了抱怨以外，猜疑也是对气场造成负面影响的一个重要因素。猜疑往往可能会摧毁光明，让我们看到的只是持续的黑暗。

> 有一位老农找不到自己的斧子了，于是就怀疑是邻居家的儿子偷走了。于是他便带着这样的有色眼镜去观察他。结果，看那个孩子走路的样子，就像是偷斧子的；看他的种种表情，也像是偷斧子的；听他所说的话，更像是偷斧子的。所以，那个孩子的言行举动，怎么看都像是偷斧子的。
> 可是第二天，当他从自己的家里发现了他的斧子后，再碰到邻居家儿子的时候，就觉得他怎么看都不像偷斧子的人了。

生活中当我们没有弄清事情真相的时候，最好不要猜疑，就像上面的老农一样，可能会造成莫须有的情况，甚至有时候，猜疑会成为害人害己的祸根。这样的事例在日常生活中不胜枚举：因为猜疑，导致夫妻离异；因为猜疑，导致朋友反目成仇；因为猜疑，导致亲人大打出手甚至酿成悲剧……

对待生活，我们应该做到：不要无中生有地去怀疑别人，也不要轻信流言蜚语，应该学会经常进行自省，要让那些错误的猜疑尽早消失。

一旦我们遇到一些自己不确定的事情，就一定要让自己无端多疑的情绪得到克制，要面向他人，用自己的真诚去交往和了解他人，从而获得正确的认识和准确判断，把那些多疑的缺点丢弃掉，让我们气场的吸

引力得到提高。

法国有一种狗叫短尾沙皮狗，这类狗可谓是世界上疑心最大的狗。它们总是习惯生活在同样的环境之中，是终生都不能换的。倘若外界环境发生了变化，它们会整天都胆战心惊，就连睡觉也不敢。它们对周围的一切都很敏感，都存有戒心，所以，它们经常会因怀疑而拒食、绝水，即使被渴死饿死，对自己怀疑的食物它们碰都不碰。所以，这类狗目前存在的数量已经非常少了，几乎到了濒临灭绝的程度。

造成这种现象的主要原因正是它们的多疑。

倘若一个人掉进了猜疑的陷阱，就会神经过敏，在他的眼里，别人的任何言语和行为举止都好像有某种不纯的动机，这会让自己的人际关系受到很大的损害。因为他们对人总存有一种提防心理，总是捕风捉影或者无中生有，不信任他人，结果造成没人愿意和他打交道的交际困局，往往自身很苦恼，可当局者迷，自己就是找不出原因。

事实上，这个原因很简单，就是因为猜疑让他的气场吸引力消失殆尽，于是周围的人就不会认同和注意他。谁愿意和一个总是猜疑的人有来往？因为和这样的人来往就可能引出一些无端的麻烦，所以，对于这样的人大多人都是选择避而远之。长此以往，他就会很孤独，没有别人的帮助，困难得不到解决，能力无法施展，事业也就很难取得成功。

胆怯毁灭心境，气场亦会随之削弱

在我们小时候，可能很多人都害怕黑夜，每到晚上，就需要开着灯才能安心地睡觉，因为害怕坏人出现，害怕"鬼"出现……其实，小时

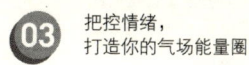

候的这些担心,在现在看来完全是杞人忧天,没有必要。这就是所谓的内心胆怯。

可是,在现实生活中,依然有一些人沉浸在由内心胆怯而引起的恐惧之中。

徐瑞娟是一个性格活泼开朗的女孩,在北京的一家合资企业工作。前不久,她所在部门的经理辞职了,公司要从内部员工中提拔新的负责人。

徐瑞娟一直希望有升职的机会,所以听到这个消息她十分感兴趣,可遗憾的是她一直没有向公司提出申请,甚至也没有向公司咨询过这一职位需要哪些条件或考虑自己是否有机会之类的问题。"我们公司从来都还没有从内部提拔经理的先例呢。""我只是一名女职员,怎么能那么容易得到这个机会呢!""如果我申请这个职位,那太冒险了,要是因此而遭到同事们排斥那可就不好办了。""从目前的情况来看,我的表现还不够好,等业绩突出的时候再说吧!"……于是,内心的胆怯心理最终战胜了想要升职的想法,她逐渐打消了提出申请的念头。

过了几天,公司便公布了这次提拔经理的结果,当她听到倪晓芳成为经理的时候,不由得大吃一惊。因为倪晓芳几乎和她是同时进入公司的,她们的能力都差不多,结果现在成了她的领导。

对于胆怯的人而言,适时把握机会、主动出击是他们的难题之一,徐瑞娟就是因为胆怯才错失良机。在现代社会,工作上的调动、升迁是非常平常的事情,那究竟是什么原因让徐瑞娟如此胆怯呢?

心理学家认为,人的大脑可分六个层次对信息进行收集和加工,而对于人们的胆怯心理同样也可分为六个层次。下面我们以徐瑞娟的胆怯心理为例，进行具体分析：

环境：从这个方面而言，徐瑞娟之所以缺乏勇气向公司提交申请，其中比较大的一部分原因就是因为他们公司没有内部提拔的先例。

态度：徐瑞娟对待升迁这件事的态度很消极，总认为自己还不够优秀。

能力：由于徐瑞娟对自己的能力持怀疑态度，她自己都不敢相信自己能成为领导，缺乏底气，不能让自己信服，于是就选择了放弃。

信念：徐瑞娟同时还在不断提醒自己，要想升职，资历也是比较重要的审核标准之一。像自己这样资历不深的普通员工，要想被选中，那太困难了，只有那些工作年限较长的人才有资格被选中。

身份："我只是一名女职员，怎么能那么容易得到这个机会呢！"可以说，徐瑞娟从身份角度对自身产生的怀疑给她造成了更深层次的胆怯，这是因为对任何人而言性别是无法改变的。

归属：比如担心同事排斥自己，担心失败后不知怎么办，这让她内心的胆怯进一步升级。这六个层次彼此联系、相互作用，于是就形成了徐瑞娟的胆怯心理。

事实上，只要我们认真观察一下这六个要素就会发现，这些都像我们小时候害怕黑夜一样，是杞人忧天的表现。事实的结果和真相往往能真真切切地打破人们先前的一切担心与恐惧。徐瑞娟的公司最后公布的提拔结果就是对此最有力的证明。

从徐瑞娟的故事，我们可以看出：其实，日常生活中根本没有什么事情值得我们真正地去害怕，很多恐惧都是来自我们内心的胆怯罢了。

很多胆怯的人面对自己的生活，只会过多关注于恐惧，这就造成他们对前方的道路视而不见，而那些勇敢的人则会披荆斩棘，抱着坚定的信念为自己的未来进行拼搏。而一个对未来充满恐惧的人会把自己的积极气场完全赶走，于是，那些让他恐惧的事情会在未来的日子中以各种不同的方式呈现出来，让他总是恐惧，所以，这样的人很难拥有灿烂的明天。

胆怯是走向成功的拦路虎，是毁灭心境的头等杀手。倘若有志于功成名就，那么就一定要克服胆怯的心理，不要让它缠着你，毁灭你的心境。倘若你有志于光明的前程，那就要勇敢起来，摘掉胆怯这颗毒瘤，不要让胆怯削弱你的气场，而应昂首挺胸向前走。

摆脱焦虑与不安，稳定气场的能量

人有时候喜欢自寻烦恼，而且会因此让自己陷入焦虑和不安的情绪中。这样，我们的气场能量就会逐渐减弱，而且自己的处境也可能会被消极气场影响得更为糟糕。

就算我们表现得再优秀，也常常会有这样的想法："领导可能并不看好我！"有时候，可能有位朋友并没有得罪过我们，可是当遇见他时，我们的脑海里就可能会想："见鬼，怎么又遇见他了！"当每次参加公司会议时，不论其他人讨论得多么激烈，我们可能总是坐在角落，心中暗想："怎么还不快点结束！"……无论是什么原因，我们身边总会出现这样或那样的事让我们感到焦虑和不安。

曾经有一位哲学家说过这么一句话："没有什么情感比焦虑更令人苦恼了，它给我们身心都带来巨大的痛苦。"在当今社会，饱受焦虑折磨的人并不少，从天真可爱的儿童到年近花甲的老人，焦虑可谓是如影随形。倘若这些消极情绪长期得不到缓解或释放，就会对我们的身心健康造成严重的伤害。

有一位叫贝鲁巴斯的美国人，他曾经就很焦虑、不安，事情是这样的：

贝鲁巴斯在美国的一家钢铁公司工作，有一次，公司买来了一台瓦斯清洁机，这是为了清除存在于瓦斯中的杂质。当这台机器安装完成之后，公司把进行调试的任务交给了贝鲁巴斯。因为贝鲁巴斯根本就没有这方面的工作经验，所以他对此非常担心，总是害怕会发生一些意想不到的问题。

贝鲁巴斯经过几番调整，最终机器总算可以运转起来了，可是还没有达到预期的效果。于是贝鲁巴斯觉得自己很失败，就好像有人在他的脸上重重地打了一拳，让他流血不止。这种感觉产生的疼痛感逐渐在贝鲁巴斯的身体上蔓延，渐渐的，贝鲁巴斯的胃以及整个腹部开始隐隐作痛。好长一段时间，他的担心简直让自己无法入睡。

对此，他找到著名的心理学大师卡耐基进行开导，卡耐基了解了他的苦恼后，让他按照下面的步骤去做：

第一步，先静心想想这件事的整个过程，找出如果失败可能会出现怎样的情况，包括最坏的情况；

第二步，当找出了这些可能发生的失败的情况后，要尝试着去接受它们，当然也要学会接受最坏的情况；

第三步，让自己的心情逐渐平静下来，不要想自己目前的处境是多么困难重重，而要将自己的全部精力和时间放在如何去解决这些问题上。

事实证明，卡耐基的方法取得了良好的效果。贝鲁巴斯经过认真思考，重新审视了自己的问题，他惊奇地发现，其实自己原来所担心的事情并没有想象中那么可怕，任何问题的出现，他都会找到切实可行的办法来解决。在这样的心里暗示下，之前的那些焦虑和不安便被一扫而空。

焦虑和不安很容易分散我们的精力。如果经常以这种情绪去面对生活，我们的思想就会四处乱转，遇到问题就不可能做出正确分析。倘若我们强迫自己学会面对最坏的情况，而且学会去接受它们，那我们就可

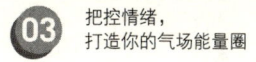

能权衡所有情况，然后集中精力去解决这些问题。

对于我们而言，可以从这些方面去改变自己的焦虑和不安：

第一，在天气晴朗的时候，选择一个空气清新、安静、可自由活动的地方。接下来再选取一个自己感觉比较舒适的姿势去站、坐、躺。

第二，可以充分发挥自己的想象力去幻想一些恬静美好的景物，比如波光粼粼的大海、软绵绵的沙滩、白白的云、青翠的高山等。

第三，做做深呼吸，这对缓解紧张和不安的情绪有很好的作用，而且操作简单。要慢慢地吸气、呼气，并在呼吸的过程中提醒自己注意放松。

第四，舒展舒展自己的身体关节和肌肉。可以做做适当的运动，速度要均匀缓慢，动作并没有什么特定的要求，只要能让关节放开、肌肉松弛就行了。

第五，可以转移自己的注意力。比如我们可以通过读自己喜欢的书、做一件相对比较容易而且有意义的事、或是去认真观察生活中美好的东西，学会欣赏它的细微之处。

总之，面对焦虑和不安，最好的方法就是忽略它或学会与它相处。我们不要再回避现实，而应该学会真正接受它，并学会去积极应对。这样做，就能让我们笑对人生，当我们尝试着去摆脱焦虑和不安的时候，我们的气场也会逐渐稳定和提升，从而让我们过好每一天。

掌握气场十足的八种积极心态

从气场的角度来看问题，心态积极的人会更成功，而消极的人会更失败。所以，倘若我们能以积极的心态去发挥自己的能力，相信自己能取得成功，那这些积极的心态就会帮助我们成就远大目标。倘若我们接受了消极心态，总是想挫折和失败，那最终也只能面临失败。心态的力量就是如此强大。

倘若我们想让自己的气场十足，那就应该具备下面这些积极心态：

主动

我们常说要积极主动，而那些为了机遇总是被动等待不知主动出击的人，就可能消极地将自己的命运交给别人安排。倘若没有碰到机遇，那他就会没有任何作为。其实，掌握机遇的人是自己，而不是别人，我们主动出击了，才可能抓住机遇。

热情

人人都喜欢积极的事物，所以，任何人都不可能乐意和一个整天精神萎靡、毫无热情的人打交道，也没有任何一个领导愿意对一个毫无热情的下属委以重任。因此，我们应该打起精神，用我们的微笑去对待自己周围的人和事。

自律

人人都崇尚自由，可是不能为了自由而抛弃自律。其实自律并不是建立在如山如海的规章制度之下，而是用自主的行动去创造良好的秩序，从而为我们的工作、学习和生活创造更大的自由和成绩。

自信

人们的成就，总是和他的信心有密切的关系，而且不会超越他信心的大小。倘若一个人连自己都不相信，还怎么去指望别人相信你呢？同时，也要明白，自信当然不可仅仅停留在思想和言语上，而更重要的是要拿出自信的勇气去行动，而那些只想或者只说不做的人，只能成为一个空想主义者。

学习

人常说"活到老，学到老"。学习可以让我们不断进行自我超越。在现代社会，只有通过不断学习，不断超越自己，才能跟上时代的节拍步伐，不被时代淘汰。

决心

其实我们的人生总是被自己的"决心"而改变，并不是总被环境而改变，决心是一种最重要的积极心态。

诚信

人常说"诚信是金"。的确不错，为人处世，倘若失去了诚信，我们还怎么和人交往，谁还愿意和我们交往，遇到困难谁还愿意帮助我们？我们对待别人讲求诚信，别人就会以诚信回馈于我们，互惠互利，否则，我们就可能寸步难行。

坚持

要想问鼎成功，其实秘诀只有一个，那就是坚持。谁笑到最后，谁笑得最好，说的就是坚持的道理。为了自己的梦想，就是再苦再累，也要坚持，也要努力，坚持下去了，就会看到希望的曙光。

人的一生，当我们的心态积极了，很多事情都像蓝天白云，让人心旷神怡；可是如果我们总以消极的心态去看待生活，可能我们看到的就总是乌云压阵，让人心烦意乱。

我们不要总是觉得环境太恶劣，其实那是不坚强的表现；不要总是觉得别人太狭隘，其实那是自己不豁达的表现；不要总是觉得孩子很难教育，其实那是自己方法少的表现。要让自己保持乐观，积极向上。

当面对不同的环境时，不可能要求环境去适应我们，而我们应该学会去适应环境，适应了环境才可能去改变环境。而要改变环境，就要从改变自己开始，要改变自己，首先就要拥有积极的心态，给自己营造出强大的气场。

QI CHANG XIU
LIAN ZHI
ZHONG JI SHI ZHAN

增强个性魅力，
拥有足够的吸引力

好形象是提升气场影响力的潜在资本

气场的强弱决定了一个人的影响力，而影响力也会反作用于气场，从而让气场发生新的变化。在通常情况下，影响力的塑造离不开我们个人的自身形象。那些注意自己的形象并保持好形象的人，会赢得别人的尊重，这样的人也往往容易得到人们的信任和帮助，于是在自己的人生旅途中不断找到能展现才华的机会，用自己的风采和魅力去影响他人。

良好的形象是美丽生活的代言人，是进入爱的神圣殿堂的敲门砖，是我们走向更高阶梯的扶手。每个人的形象，都是向外界进行自我展示的窗口，是向别人介绍自我的名片。别人对我们的印象很大一部分就来自我们的形象，他们对我们的印象还会影响他们对我们的态度和行为。因此，要想让自己气场更强大，要想让自己的影响力更大，就要注意保持良好的形象。

孙中山先生的夫人、前国家副主席宋庆龄女士是全世界人民公认的伟大女性，她的伟大除了她那崇高的品质和高尚的人格外，还与她的美好形象有很大的关系。

04 增强个性魅力，拥有足够的吸引力

在美国作家艾斯蒂·希恩的作品里有关于宋庆龄的描写，她是这样写的：她雍容高贵，而又朴实无华，可谓稳重端庄的典范。从欧洲的王室贵族中，特别是从年龄较长者的身上，我们偶尔也能看到这样的影响力。这种影响力很明显是终生培养训练而来的。可是孙夫人的雍容华贵是首屈一指的，这主要体现的是她那内在的影响力。这种影响力是发自内心的，而不是伪装出来的。她的胆略与见识，是罕见的，在她那强劲的胆识之下，当在紧要关头，依然能镇定自若，与此同时，端庄、忠诚和胆识又让她具有一种力量，这种力量能够表现出她那坚毅的英雄主义的影响力。

好形象可谓是我们人生的资本之一，充分发挥出它的作用，不仅能让我们的人生更加五彩缤纷，还能让我们的气场更加积极，更有魅力，从而让我们的影响力得到更大的提升。宋庆龄女士的一生就是对此最好的印证。

一个好的形象对于我们的人际关系也有很大的帮助，它能给我们营造和谐气氛，让我们在生活中左右逢源，从而为我们的成功助一臂之力。

我国清代的著名商人胡雪岩曾经有一次在生意上遇到了一个很大的危机——他在上海刚刚营业的商行遭到了当地商人的联合挤兑，没有多久这种情况就波及到了他的大本营杭州。当时，有一些大客户担心胡雪岩可能过不了这道坎儿而垮台，于是打算不再和他进行生意往来。

有一天，胡雪岩从上海回到了杭州，那些人都悄悄地躲在暗处观看，他们想这时看到的胡雪岩肯定是狼狈不堪、灰头土脸的样子。结果事实却让他们很失望，他们看到的胡雪岩依然是衣冠鲜亮、精神抖擞。

看到了这些，他们还是觉得没解开心中的结，又跟踪胡雪岩直到他的商行。他们觉得这次困难一定够胡雪岩受的，所以胡雪岩肯定会暂停生意而进行整顿。没想到这次他们又失算了，胡雪岩不但没有关闭商行，而且还亲自坐镇，甚至能悠然自得地喝茶。胡雪岩的这一系列举动让这些人感到很纳闷，在遭受这么大的打击之下，竟然还能如此镇定自若，看来这人不简单。最终，胡雪岩以自己的气度征服了他们，他们不但恢复了对胡雪岩的信心，而且还承诺要共同帮助胡雪岩闯过难关。

事实上，胡雪岩在当时的处境的确很艰难，倘若不是凭着他那坚如磐石的良好形象，恐怕那些大客户的预言就成真了。从这里我们也可以明白：树立了自己的好形象，就能有效地提升自己的气场，让自己的影响力更大，于是便能逐渐获得成功。

形象是人的招牌，坏形象能毁掉我们一生，而好形象会让我们的气场力迅速得到提升，从而产生强大的影响力。在当今社会日趋激烈的竞争中，人们都承受着巨大的生存压力。谁能静心给自己树立好形象，谁就能给自己的人生打造出金字招牌，在曲折的人生历程中走得更从容，更成功。

树立好的第一印象，让气场紧紧吸引对方

如果在我们面前有这样两个人：第一个谈吐文雅、举止得体、精神十足，而第二个口无遮拦、蛮横无理、无精打采，那我们肯定都愿意和第一个人交往。因为他能给我们留下好的印象，从他身上所散发出来的气场是很有引力的。

通常情况下，好的第一印象能让对方在第一时间里感受到我们的气

04 增强个性魅力，拥有足够的吸引力

场，并被我们紧紧吸引。相反，即使我们拥有很强大的潜在气场，可是并没有把它用第一印象展示出来，而展示给他人的却是一个较差的感觉，于是，对方就可能会轻视我们、讨厌我们甚至远离我们。

  王萌是会计行业中的"白领"一族，她有很强的工作能力，但在生活里总是大大咧咧，不拘小节，整天穿一身休闲装，给人一种工作松散的印象。
  有一次，她去参加一个公司的面试，穿的还是那套"行头"。双方刚一见面，那家公司的人力资源主管便皱起了眉头，双方只简单地谈了几句，对方便摊牌了："李小姐对不起，我们公司只需要无论是在工作还是生活上都很严肃的人！"

王萌的面试以失败而告终。她正是由于第一印象没过关，所以失去了一次大好机会。要想在面试中脱颖而出，第一印象是绝不可轻视的环节。要是你连进门的资格都没有，哪里还有机会施展自己的才华呢？

在通常情况下，我们在和他人交往的时候，第一印象往往会在对方的头脑中占据主导地位，人们总会依据第一印象去评价一个人。而且第一印象在日后的交往中也比较难改变，人们会寻找更多的理由去支持第一印象。甚至有时候，当对方的表现和原来的第一印象有较大的差距时，人们在很长一段时间里依然会坚持对这个人的最初评价。这就是第一印象的巨大力量！

那么，我们想给他人留下良好的第一印象该怎么做呢？

一般情况下，第一印象包括谈吐、相貌、服饰、举止、神态这些方面，对于我们的交往对象而言，这些都是新信息，而且这些对他们感官的刺激也比较强烈，能给人一种新鲜感。这就像我们在一张白纸上画画一样，往往第一笔画上去的色彩是十分清晰和深刻的。

一般而言，要想给他人留下良好的第一印象，要尽量做到以下几点：

仪表、举止得体

一个脱俗的仪表、高雅的举止、和蔼可亲的态度等都是个人品格修养的重要部分。当我们来到一个新环境中，别人对我们还不了解，这时我们就不能太随便，否则就有可能引起他人的误解，让我们在对方的心目中留下一个不良的第一印象。当然，仪表得体并不是说我们就要追求奢华，全身上下穿戴的都是名牌，也不是过分地修饰，我们这样的做法反而会给人留下轻浮浅薄的不良印象。

言行举止讲究文明礼貌

要注意自己的语言表达，这需要做到简明扼要，不乱用词语。当别人讲话时，我们要学会专心地倾听，态度谦虚，不要随便打断。在倾听的过程中，我们要善于通过身体语言和话语给对方进行必要的反馈，而不能虽然看起来是在听对方的讲话，可是没有丝毫的反应；对于那些自己不必知道或别人不想回答的问题就不要进行追问，这些都可能给人留下不好的印象。

讲信用，守时间

如今，人们越来越重视时间，也很容易把不守时和不守信用联系在一起。倘若我们第一次与人见面就迟到，这就可能会造成一些难以弥补的损失，所以，我们最好要杜绝这种事情的发生。

微笑待人，不卑不亢

当我们第一次和人见面，笑要有度，哈哈大笑或者不停地笑就会有失庄重。我们的言行举止也要注意交际场合，过度亲昵的举动就可能有轻浮油滑之嫌。特别是对那些有一定社会地位的朋友，不要表露出巴结讨好的意思。趋炎附势行为，不仅会遭到当事人的蔑视，很可能让其他在场的人都会瞧不起你的。

显露自信和朝气蓬勃的精神面貌

自信是人们对自己的一种肯定和认同，它包括了能力、修养、文化水平、健康状况、相貌等方面。倘若一个人在走路时步伐坚定，和他人

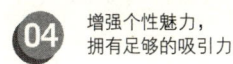

交谈时谈吐得体，说话时双目有神、目光正视对方、善于运用眼神交流，这就能让对方觉得我们自信、可靠、积极向上。

第一印象对于人们来说有着太大的作用，但常常被人们忽视。如果你不想失去任何成功的机会，如果你想在办事过程中如鱼得水，那么请别忘记第一印象的作用，并且要努力给别人留下良好的第一印象，让你的气场拥有巨大的吸引力。

宁缺毋滥，让整身搭配简单而优质

人常说，"人靠衣装，佛靠金装。"服装对每个人而言，不仅仅是遮羞御寒的工具，同时也能让人们的气场产生改变。

在电视剧中，我们经常看到这样的情景：原本女主角就像一只默默无闻的丑小鸭，可是当她换了一件漂亮的衣服后便俘获了一直和她作对的男主角的心。虽然说这带有夸张的成分，但是也证明了服饰可以增强一个人的气场，让人更有魅力。

具体而言，要想让自己的穿着搭配体现出自己的气场魅力，就要注意着装的原则：着装要符合 TOP 原则。TOP 是三个英语单词的首字母的合并，它们分别代表的是时间（Time）、场合（Occasion）和地点（Place），也就是说我们的服装应该和所处的时间、场合和地点相协调。只有做到这些，才能产生正向的气场，否则就可能会事与愿违。

时间原则

当然，就白领而言男士的着装比较简单，只要有一套质地优良的深色西装就可以走遍天下，可是女士的着装就会复杂很多，不同的时间段要有不同的变化。比如，女士在白天工作的期间，应该穿正装，这主要以套装和套裙为佳，能将自己的专业性得到充分的体现；倘若晚上要出席酒会、晚宴等，就应该增加一些修饰，比如，佩戴有光泽的饰品，围一条漂亮的丝巾等等。针对大的时间段而言，选择服装当然也要和当时的气候相适应。

场合原则

场合不同，着装也会有不同的要求。倘若出席正式宴会，男士应穿西装或燕尾服，女士则应穿有中国传统特色的旗袍或长裙礼服；倘若听音乐会、看芭蕾舞或者音乐剧也应按照惯例穿着正装；倘若和朋友聚会或外出游玩，那就应该穿轻便舒适的服装。

总之，穿什么服装要和自己所在的场合匹配。倘若穿着一身休闲装出现在正式场合，这不但是对主人的不尊重，同时也会让自己觉得尴尬；倘若大家都穿便服，你却是西装革履，这也不太好。

地点原则

如果是去公司或单位进行拜访，职业装最合适；如果在家中，只要舒适整洁的家居服就可以了。当然，我们外出的时候穿着也要顾及当地的风俗习惯，比如去教堂或者寺庙等宗教场所，就不能穿过于暴露的服装。

只有我们的服装与时间、所处的场合和地点这三个要素相吻合，那么，我们所散发出的气场才是积极而和谐的。

下面我们分别针对女士和男士进行着装搭配的讲解：

职业女士的着装搭配：

上衣：总体而言，上衣应该平整挺括，那些缀满蕾丝和花纹的衣服在正式场合最好不要穿。上装的纽扣应该都扣好，这样就会显得严谨、端庄。

衬衫：衬衫最好是单色的。在穿着衬衫的时候，要将其下摆掖入裙腰里面；衬衫纽扣除了最上面的那颗之外，其他的都要扣好；当穿着西装套裙时，不能直接外穿衬衫，一定要有正式的外套。

裙子：裙装应该以窄裙为主，同时还要注意裙子的长短，年轻女士的裙子下摆可在膝盖以上3～6厘米，不能太短；而中老年女士的裙子则应在膝盖以下3厘米左右。裙子里面应该穿着衬裙。

鞋袜：鞋子最好选择中跟或高跟的，袜子的选择应该是高筒袜或连裤

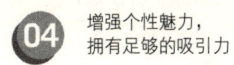

袜,颜色一定要是肉色的,不要穿黑色和彩色丝袜。

男士的着装搭配

和女士的着装相比,虽然男士的着装要简单很多,但男士的服装搭配也是不可忽视的问题。严肃庄重的西装搭配或轻松舒适的休闲搭配,对男士而言,总体上都应简单优质,不需要其他过多的修饰,否则会让你的气场得到削弱。

在正式场合的时候,当然需要穿正装,稳重的西装颜色和同色系的衬衫是最好的搭配,同时,领带也不要太抢眼,最好选择素色或规矩的条纹,不然就可能会让人觉得不稳重。一定要注意的是,如果穿西装,那么袜子的颜色一定要是深色的,白色的袜子千万不要和西装搭配。

在家里的时候,就可以随意一些,比如套头衫、运动裤、休闲鞋这样的搭配也不失活力。

总之,一个有气场的人,一定要注意自己的服装选择和搭配,想让自己有引人的气场,就要依据时间、场合、地点等这些要素去进行选择和搭配。

培养优雅的站姿,给自己增强气场

在和他人进行交往的时候,在第一时间通常都是以站立的姿势示人的。所以,能否有个良好的站姿,能否形成强大气场,关系着我们能否掌控局面和影响他人。站立在社交中是一种最基本的动作,我们应该让自己的站姿显得优美而典雅。

那么怎样的站姿才算有气场呢?男士应该做到"站如松",洒脱刚毅;女士要做到优雅秀美,亭亭玉立。

"站如松",意思是良好的站姿应让人有一种挺、直、高的感觉。要做到背脊挺直,胸部挺起,双目平视。这种感觉并不是刻意伪装出来的,

而是培养出来的。这种感觉会让人们觉得这个人很自信,积极向上,乐意和他进行交流往来。

艾莉丝是一位大大咧咧的女孩,她总是向自己的朋友抱怨说,自己不知是什么原因总是得不到男孩的青睐。到底什么样的气场才能得到男孩青睐?终于有一天,她的亲密朋友格蕾告诉她说:"你注意到你的站姿了吗,这就是你得不到男孩青睐的罪魁祸首。"艾莉丝非常惊讶,在她看来,站姿并没有什么大不了的,怎么能对自己造成不好的影响呢?

"艾莉丝,倘若有人在和你交谈的时候弯着腰,而且眼睛向下看,身体还不断地左摇右摆,你会是什么感觉呢?"

"我会选择离那个猥琐的家伙远一点儿。"艾莉丝回答说。

"没错。如果我是男孩,我也不会喜欢这样的女孩。因为人的站姿不同,自身所散发出的气场也肯定是不同的,就是一个很小的细节也不能忽略。不知你是否见过奥斯卡颁奖典礼上的妮可·基德曼?"

"当然见过,她魅力十足,我很喜欢她。"

"妮可之所以能成为大家心目中的明星,除了她的演技和内在气质以外,同她的站姿还有密切的关系。因为无论在何时何地,她都能做到昂首挺胸,亭亭玉立,让人看上去很有范儿。"

"的确,你说得没错,妮可的站姿很有魅力,以前我忽视这一点了。多亏你的指点,我明白了。以后我也要训练一下自己的站姿,争取也让自己站出气场。"

如果妮可也像艾莉丝一样总是习惯低着头、弯着腰站着,她也不可能有现在这么夺人眼球的气场魅力了。可见,站姿是一个人气场的体现,也是一个人是否有修养的体现,应该引起我们的重视。

标准的站姿是这样的：两脚跟并拢，脚尖开立，成 45°~60° 的角，身体的重心主要支撑在脚掌和脚弓之上。脊柱、后背挺直，抬头挺胸，双目平视前方。两肩放松下沉，自然呼吸。两手臂自然下垂于体侧。

当然，站姿与性别也有关系，性别不同，站姿就不同。

倘若有一位女士的站姿比较男性化，我们尚且可以认为她具有巾帼风范；可是倘若一位男士的站姿太女性化，那么他可能会遭到众人的耻笑。所以，我们也要根据自己的性别而选择适合的站姿。

对女士而言，除了传统的双脚并拢这种站立姿势之外，丁字步的站姿也是可以采用的，这种站姿还有一个优势——可以巧妙地掩饰 O 型腿女士的缺点，而且能让自己的腿看上去更加纤细。

男士的站姿并没有什么特别的要求，关键就是除了保持基本的站姿之外，还应该表现出自信。优雅且有风度的站姿能将我们的气场发挥出来，让人们第一眼就锁定我们，愿意和我们接近，愿意和我们进行深入交流。

当我们意识到站姿会对气场产生影响的时候，这就是一个良好的开始。我们就应该面对镜子，找出自己站姿中的缺点并逐渐去改变它，这样我们也能拥有潇洒迷人的站姿。

在潜移默化中让气场发挥作用

气场其实也是一种人格魅力，从这种人格魅力中可以释放出一定的吸引力，而这种吸引力往往能在潜移默化中影响别人。

生活中有不少这样的人，他们受过高等教育，具有丰富的知识，可以顺利地去一家单位就职或去学术机构进行研究性的工作。倘若他有很高的情商，情绪比较稳定，而且适应环境的能力比较强，对于包括上司、同事等外界条件没有过分苛求，而且对自己有一个比较适当的评价，不会跟随外界的影响而产生"热胀冷缩"，面对挫败有不服输的劲头，有重整旗鼓的决心，而且一直对自己的未来充满了信心，那么，他的智商和潜能就可以发挥到最佳水平，对待生活和工作，总是显现出那副从容，他自然能走向成功。

相反，倘若一个人因为自己的智商高而表现得很自负，情商低下，总是被自己周围并不理想的环境所困扰，那么，他就可能会表现得愤世嫉俗、孤芳自赏，于是就可能和社会、公司以及同事融不到一起。要么高不成低不就，终生碌碌无为；要么误入歧途，让自己的高智商把自己送进监狱。

情商高的人气场就比较足，在做事的时候，不论是成功还是失败，他总能以平常心去对待，当面对失败的时候能做到诚恳、坦然，当面对成功的时候不沾沾自喜，当和他人相处的时候不自以为是，能顾全大局。于是，人们就愿意和他进行交往，因为和他交往能给人以舒适之感。其实这就是他的气场所发挥出来的作用。

气场对我们的影响是在潜移默化中形成的。在这里，我们要明白气场和气势是两个不同的概念。也许不少人觉得一个强势的人，就能有强大的气场，弱势的人气场也就比较弱，其实这种理解并不正确。

一个强势的人，在气势上必然是占上风，但在气场上，他并一定就能占上风。因为气场强调更多的是人格魅力，这就是一种吸引力——吸引他人愿意与他进行交往的力量。比如我们上面所说的第二种人，他们能力强，可做事不愿意与人合作，自命不凡，这种人身上散发出来的气场不是积极的。

玫琳凯化妆品公司是一个大型的跨国公司。该公司的创始人玫琳凯在年轻时曾经做过推销员。

有一次，玫琳凯听了营销总监所做的演讲。这场演讲做得相当好，那位总监的话几乎将所有人的情绪都调动了起来，当然玫琳凯也是其中之一。当演讲结束后，许多听众希望能同营

04 增强个性魅力，拥有足够的吸引力

销总监握手，于是，握手的人排起了长队。

大约过了两个小时，总算轮到玫琳凯了。她很激动，也很崇拜这位营销总监，于是便伸出了两只手，非常希望能得到热烈的握手。可是对方已经连续握了两个小时的手了，已经对人和手产生麻木了，双方的心情是不一样的。当时，那位总监只是伸出了一只手，松松地递给玫琳凯，而且他的目光并没有在玫琳凯身上，而是向整个队伍看去，看看还有多少人等着握手。总监的这个举动让玫琳凯觉得受到了莫大的侮辱，她的自尊心受到了极大伤害。她觉得总监根本没有意识到自己是在同一个活人握手，这让她那激动的心情一下子跌倒了谷底。

玫琳凯在45岁的时候退了休，成立了自己的公司。她决心自己一定要从细节处做起，不放过一言一行，防止让自己年轻时所遇到的事情再次重演。所以，每当有同别人打招呼的机会时，她都很认真，并且会从对方身上找到一个闪光点告诉对方。所以，她的公司人际关系都非常融洽，不论她在还是不在，员工们的工作热情始终不减。

其实，在玫琳凯年轻时和她握手的那位总监也是一个气场很强大的人，作为一个领导，在那么多人的情况下，必须要照顾到大多数人的情绪。可是他的那个细节，却给玫琳凯这个个体造成了深深的伤害。如此小的动作就可能会破坏一个人的气场形象，所以，细节是不可忽视的，而接见玫琳凯的那位总监可能并没有意识到这一点。可是气场的传播是潜移默化的，一个人的气场会在无形之中向别人传达了正面或者负面的信息，即使当事人并不知道，但这是事实。

所以，我们在日常生活中，尽量要让自己的气场发挥积极作用，让自己的气场散发出积极的信息去潜移默化地影响他人。

自然而真诚的微笑最能产生气场

也许,看到本文的标题你就会问:对于气场而言,微笑能有这样大的魔力吗?也许这句话能让我们看到微笑的魅力:"当生活像一首歌那样轻快流畅时,笑颜常开乃是易事;而在一切事都不妙时仍能微笑的人,才活得有价值。"在日常交际中,微笑可谓是展示气场的名片。

一位名叫菲舍尔的美国心灵励志顾问有一种治疗悲观情绪的独特方法,叫"苹果疗法"。虽然这是个老掉牙的方法,可是很有效果。

有一次,一位心情郁闷的先生来听这位心灵励志顾问的讲座。菲舍尔举起一个苹果问那位先生:"请您说出这个苹果的颜色!"

"红色。"那人有点不屑一顾地回答。

"对极了,那么,请您猜猜它的味道,究竟是甜的、酸的还是酸中带甜?"菲舍尔循循善诱,就像一个唠唠叨叨的老太婆。

结果那位先生暴躁起来,他心情很差地回答道:"我根本就没时间去评价这个苹果是什么味道,请您告诉我方法,我需要的是方法!"这位先生目前正处于极度的消极之中,他在生活上遇到了麻烦,到目前为止还没有解决,显然这时候他已经乱了方寸。虽然这位先生的真实年龄还不到30岁,可是这一刻看上去足有50岁。

菲舍尔先生笑了起来:"还不错,你能发脾气,这说明在你的内心深处有一股战胜困难的愿望,你很想将那些让你烦心的事情一脚踢进太平洋。但是,你现在最需要的并不是方法,而是安静,你明白吗?倘若你能给自己仅仅10秒钟时间来专注地观察这个苹果,再接着说出它的味道,我敢打保证,你一定能找到自己所需要的方法。"

这位先生半信半疑，可是他真的就用了10秒钟的时间紧紧盯着菲舍尔手中的苹果。那一刻，时间就仿佛静止了一样，这位先生动用自己全部的脑细胞来研究这个苹果的味道。

"我想，这个苹果是甜的。"这位先生微笑着回答。这表明他的信心已经神奇地恢复了！

这样的方法的确不错，核心就是让人保持冷静，从而找到方法。每当我们被沮丧、失望和悲观的情绪笼罩时，我们就可以使用这样的方法。不但简单易行，而且极为有效！虽然只有10秒钟的时间，可是乐观的种子就能在这个过程里生根发芽，让我们迅速平复糟糕的心情，重回积极的心态，展现出放松的微笑。

林慧敏一人独居，有一天，她听到有人敲门，当她打开门后却发现一个持刀的男子正恶狠狠地瞪着自己。

当时，林慧敏的心里一下子就紧张起来了，突然她急中生智，微笑着对那位男子说："朋友，你真会开玩笑！是在向我推销菜刀吗？这种菜刀的样式真不错，给我来一把。"边说边让那位男子进屋，然后她又接着说："你的长相特别像我过去认识的一位好心邻居，我看到你感到很高兴，请问你喝咖啡还是茶？"原本带着一脸杀气的歹徒没想到会出现这样的情况，他毫无预备，于是变得腼腆起来，有点结巴地回答道："哦，谢谢。"

结果，林慧敏就真的买下了那把明晃晃的菜刀，而且也付了钱。那位男子迟疑了一下，便拿着钱准备离开，就在这个时候，他真诚地对林慧敏说了句："小姐，谢谢您，您将改变我的一生！"

林慧敏的微笑能改变那位男子的一生！这的确是很神奇的事实！同时让我们感到震撼的是，她那和善而友好的笑容还拯救了自己的生命！

这就是气场的作用，因为微笑产生了强大的气场，让林慧敏那强大的感染力战胜了歹徒！这比任何鲁莽的行动和激烈的冲撞都更有威慑力，它所达到的效果的确让我们震撼。它能让我们得到开启一段奇妙旅程的船票！

修炼你的魅力眼神，让气场凝聚

人们常说眼睛是心灵的窗口，那么眼神就是汇集气场的光源。对有气场的人来说，眼睛的大小其实并不是重点，而关键则在于眼神。我们从那些商业巨贾和当红艺人的身上可以看出，并非每个人的眼睛都拥有天生的优美弧线，可是往往眼神的力量能弱化眼部的所有弱点，充满魅力的眼神能够凝聚强大的气场，让我们魅力四射。

对我们而言，眼神可以热情，可以温和，也可以忧郁，甚至冷漠，可是一定不能表现出不够坚定。倘若我们的眼神躲躲闪闪、漂移不定，那就是心虚和缺乏自信的表现，会让人觉得我们很缺乏凝聚力，甚至会给人造成一种猥琐的感觉。

我们可以看看那些气场强大的明星，也许从她们的身上我们可以得到启发。他们在刚刚出道的时候，也不见得都有很强大的气场，当他们面对那些气势逼人的前辈和自己只有雏形的事业时，肯定也曾经出现过一些不够自信坚定的眼神，但是凭着自己的毅力，经过一番摸爬滚打和不断的磨炼，他们昔日的那些不够坚定的眼神已经一去不复返了，而拥有了充满力量又不咄咄逼人的自信眼神。

倘若我们想让自己的眼神变得更加坚定有力，那就要先从增强自信开始。其实，单单对着镜子练坚定的眼神并不是好方法，也并不一定能取得好的效果。关键是当我们在人群中，尤其是其中有的人比我们优秀时，我们还能否让自己保持坚定自信；倘若我们的眼神不够坚定，那么我们的气场就难以感染别人。

那么该怎么达到理想的效果呢？这需要我们按照下面的方法去做：

每天都给自己"打气"——在心里多默念几次"我是最棒的"。

当我们遇到一些气场比我们强大的人时，不要大惊小怪。

当我们接触到那些比自己各方面都优秀的人时，要在心中默念"我同样非常不错，我们是一样的"，这时我们的眼神要继续坚定地看着对方，不能觉得自己不如别人就将自己的眼神转移到其他地方。

眼神能凝聚气场，倘若一个人具有凝聚力很强的眼神，那么就算是衣着普通，也会因为他的眼神凝聚了全身气场而吸引到他人的目光。

眼神的凝聚力除了来自我们足够的自信之外，还在于我们看人的时候，是否能放正眼神，大大方方地去看，不要让别人觉得我们畏畏缩缩。如果眼神放不正，不但会给别人留下不好的印象和不舒服的感觉，同时也会迅速削弱我们的气场，让人觉得我们小气、不体面。

为此，我们应该避免以下三种眼神：

低着头，眼睛翻着向上看，让人觉得好像做错了事似的。

歪着脑袋，斜眼看人，这就会让人觉得我们好像不服气，在盘算什么小伎俩似的。

目光游离不定，躲躲闪闪，就好像做了什么见不得人的坏事似的。

这些细小的习惯，乍看上去可能不是故意的，也可能没有什么恶意，但是完全可以降低我们的个人形象。通常，有这些问题的人自己不容易发觉，在别人的提醒下就可能会注意。要改变这些问题，我们最好要多和他人进行接触和交流，消除了恐惧感和生涩感之后，就能让整个人变得大方起来。

我国著名京剧表演艺术家梅兰芳在刚开始学戏时,曾因眼睛近视、眼珠转动不太灵活而被老师斥为不是学戏的这块料。为此,他下决心练习自己的眼神。

于是,他便利用鸽子来练习自己的眼神。他养了许多鸽子,在每天清晨,他都把这些鸽子放出去,然后两眼紧随着这些在空中飞翔的鸽子,以此来锻炼自己的眼神;而且在一根长竹竿的顶部系上红绸条,通过用力挥动长竿来引诱飞鸽。通过这样的方法,经过了长期的苦练,渐渐地,梅兰芳的眼神终于变得敏感传神,开始在舞台上表现得活灵活现。

梅兰芳的演技高超,这离不开他那眼神的丰富表现力。而这些,都是通过苦练而来的。练就了魅力眼神,就相当于给一颗普通的戒指镶上宝石一样,顿时会光彩照人。

魅力眼神能让我们的气场凝聚,当然这种眼神并不是天生的,而是通过后天不断训练得来的,是内外兼修的结果。我们通过让自己的内在修养得到提高,从而让自己的眼神更加深邃,更加坚定而又和善、平静,充满期盼而又不乏智慧,这样我们的眼神就能"秒杀"众人,让他们感受到我们的气场。

多听少说,让对方折服在你的气场之下

有句话是这么说的:"上帝在造人的时候给人两只耳朵一张嘴,就是让人多倾听,少说话。"这句话说得很有哲理。我们为人处世,要学会聆听,认真听取别人的意见和观点。事实上,人们被聆听的需要比聆听别人的需要大很多。不错,那些全神贯注倾听的人的身上散发着知性而高贵的气场,所以就会吸引来别人的目光。

耳听八方，能使我们跟上时代的步伐；广纳群言，能使我们保持清醒的头脑；谦虚谨慎，能使我们增长知识与才干。而学会聆听则是我们实现上述目标的一个基本要求。那么，我们要学会聆听需要从哪些方面做起呢？

要善于倾听逆耳之言

金无足赤，人无完人。他人发自内心的提示与批评是对我们的关心和爱护，也是一种很难得的帮助。对于我们每个人来说，要是长期听不到上级的逆耳之言，我们就应该反省一下自己的工作能力；要是长期听不到同级人的逆耳之言，我们就应该反省一下自己的人际关系；要是长期听不到下级的逆耳之言，我们就应该反省一下自己的工作作风。

要善于倾听各种不同的意见

人们对事物的评价总会有所不同，甚至同一个人对同一事物的不同阶段也有不一样的看法。所以，在工作和生活中，存在不同意见是很正常的。其实，我们怕的就是没有不同意见，怕的就是只有一种声音。如果压制了不同意见，只能是死水一潭，那么我们的工作环境将会少了一份生机，少了一份活力。只有充分倾听不同意见，才能形成生动活泼的工作局面。

要善于倾听背后的议论

一般情况下，别人对我们背后的议论我们可能当时是听不到的。没有不透风的墙，这些话迟早是要传入我们耳中的。即使听到了不好的议论，我们也不要急于辩解，重要的是要用事实来澄清。

在中国现代史上，当年红军走完两万五千里长征后，陈毅在党中央的指示下带领了部分红军战士，继续留在苏区坚持和敌人作斗争。当时由于形势异常险恶，处处都存在危险。经过研究决定，上级下拨的一些党费便由部队里的几个负责人缠在腰里小心保管着。对于这件事有些战士并不了解情况，便在背

后议论,他们觉得经费肯定已落入了个人腰包。当陈毅了解到这个情况后,立即把战士们召集在一起,然后从腰上解下布袋,把自己负责的经费全部倒在桌子上,也让其他几个负责人把自己负责的经费拿了出来,然后他诚恳地说:"同志们,这是党的钱,这钱是上级给我们下拨的,只有这么多,是准备特殊情况下应急用的。党要我们几个负责人保管,我们从来一个都没敢乱用。我可以告诉大家,要是万一我被敌人一枪打死了,那么我的尸首可以不要,可是这些钱无论如何要拿回来。"

对于战士们的怀疑,陈毅并不是直接反驳,而是把钱一分不少地拿了出来。这就是摆事实,讲道理,很有说服力,当然也就很轻松地把这件事给平息了。

倾听是一种姿态,是一种与人为善、心平气和、谦虚谨慎的姿态。我们有了这种姿态,就能做到光明磊落、心底无私、海纳百川。专心致志地倾听正在和你交谈的人的话,这是非常重要的。西方的一位名人曾经说过:"有许多人之所以不能给别人留下深刻而良好的印象,就是因为他们不注意倾听别人的讲话。他们关心的是自己接下来该说什么,而他们从来都不会认真去听别人要说什么……而有许多大人物曾告诉我,对于善于谈话的人和善于倾听的人,他们更喜欢后者。"

那些只谈自己的人,只知道为自己着想。美国著名的哥伦比亚大学校长巴德勒博士曾经说过:"只为自己着想的人,是无药可救的缺乏教育者。无论他接受过什么样的教育,都是没有教养的人。"

所以,你要是希望自己成为一个善于谈话的人,最为重要的就是要先做一个善于倾听他人说话的人。这正如一位哲人所说的:"如果你想使别人对你感兴趣,那么首先就要对别人感兴趣。"事实上要做到这一点并不难,你可以问问别人一些他们喜欢回答的问题,鼓励他们谈论自己所取得的成就等等。

04 增强个性魅力，拥有足够的吸引力

千万不要忘记，那个正在与你谈话的人，对他自己、他的需要、他的问题，比对你及你的问题要感兴趣得多。例如，可以举一个简单的例子：假如一个人脖子上有一点儿小痣，那么他对自己这个痣的在意程度，要远远大于对非洲40次地震的关注。

在以后和别人的交际中，你不妨就采用上面的方法试试。请记住，要让别人喜欢你，原则之一就是：做一个善于倾听的人，多多鼓励别人谈论他们自己，这样你就会给别人留下好的印象，成为受人欢迎的人。

真正有气场的人在和他人交谈的过程中，不论是扮演说话者还是倾听者的角色，他们都能把自己气场的强大感染力传递给周围的人，让人们产生眼前一亮的感觉。而要想做一个真正有气场的人，我们就要在说话的时候做到有条不紊，在倾听的时候做到全神贯注。

适时调节声音，为气场加分

我们的气场，可以通过声音、外貌、行为方式和说话的内容等而得到放大和提升。我们要将信息传递给听众，那就离不开声音。我们能否和听众进行充分的交流，这完全取决于我们的口头表达能力和说话的技巧。人们的气场大小与人的说话声音有着密切的关系。

我们的说话声音总是在发生着变化，其实它是随着我们自身的变化而变化的。它对我们如何感知自己、如何感知他人都有着深刻的影响。国外的一家权威调查机构通过问卷调查发现，有高达九成的人都认为，声音是一个人气场最重要的构成部分。一个人讲话时的声音能否有足够的吸引力，这和他受欢迎的程度有关，也和他社交上的成功有着密切的关系。其实，对于任何人而言，声音都可以真实地反映出他的教养和品性。

声音，因为它是气场的构成部分，所以在气场中发挥着很大的魔力。我们可以用自己的声音来争取听众的支持，让他们相信我们，或用声音

赢得他们的尊敬、爱戴和信任。当然，我们也可以用自己的声音使听众精神振奋或昏昏欲睡，同时也可以疏远或吸引他们。

在1939年的时候，一部以《世界的战争》改编而成的广播剧，在美国轰动一时。虽然当时广播公开声明说这仅仅是一个戏剧而已，并不是真实事件，可是这家电台的覆盖面很广泛，再加上当时的主播的声音让人心情激动，结果全美国的人都着了迷。有成千上万的人听了这个广播就开始恐慌起来，因为他们相信广播中所讲述的事情是事实，他们觉得人类将要遭到火星人的入侵。

从这一点来看，优美动听的声音对增强我们自身的气场有很大的帮助作用。

我们可以想想，为什么我们容易信任那些优秀的新闻播音员呢？其实很简单，那就是因为他们的声音声调优美、低沉悦耳，能给人以美的享受。因为他们的声音有很大的吸引力，所以听众便不会轻易转移注意力。那些仅有一副姣好面容的播音员并不一定能得到大家的喜欢。而那些能在激烈的竞争中生存下来的播音员，大多都有一副让人愉悦的、第一流的好嗓子。

当今社会，有很多有才华的年轻人都接受过高等教育，毕业于名牌大学，他们学习着那些呆板而又死气沉沉的语言和语法，学习着自然科学、文学、艺术等多种科目，可就是没有学习怎么才能发出优美的声音。所以，我们从他们的声音中总能听出那些不和谐的音调。甚至有的感觉敏锐的人可能都无法和这些年轻人进行正常谈话。

所以，倘若我们的嗓音让别人听起来感到不舒服，这就可能会抹杀我们其他方面的优点，同时也能降低我们的气场吸引力。

我们应该让自己的声音成为气场的优势，而不要让它成为气场的敌人。不论我们原来的声音怎么样，其实都可以通过练习来进行改变，从而让它体现出我们的气场魅力。所以，我们要明白，我们的听众所期待的是什么样的声音，当然就是容易让人听懂的与此同时还能让人愉悦的声音。

倘若我们的声音洋溢着纯洁、和谐、生气勃勃的气息，那么它就能强化我们的气场。倘若每一个音节、每一个字符和每一个句子都能被我们清晰圆润地表达出来，而且显得抑扬顿挫、高低有致，这样的节奏感是非常美妙的。所以，我们要注意训练自己的声音，从而让自己拥有巨大的气场，让更多的人喜欢我们，或者被我们所感染。

幽默，改变气场性质的灵丹妙药

在日常交际中，幽默为人们之间的互相沟通、化解矛盾和拓展人脉提供了很好的帮助，它可谓是社交中的润滑剂。它能让人们在交往中减少摩擦，从而让我们的人际关系更加和谐。他人的幽默常常会让我们感到轻松愉快，因而郁闷的情绪也会得到缓解。笑对生活，生活就会变得更好，这正是幽默给我们带来的强大气场。

幽默可以通过让大家都笑的方式来弥补人们之间的思想鸿沟，连接起感情沟通的纽带，让人们之间彼此更信任，化干戈为玉帛。幽默在解决各种矛盾和问题的时候，能很好地发挥它的作用。

幽默能让我们的生活充满情趣，没有人愿意和郁郁寡欢的人接近，可是人人都喜欢和机智风趣者交往，因为他们的幽默能让人感受到快乐。一位心理学家曾说过："幽默是一种最有趣、最有感染力、最具有普遍意义的传递艺术。"还有人这么说过："不懂得开玩笑的人，是没有希望的人。"这些都证明了幽默对我们生活的重要性，所以，我们在生活中都应该学会幽默。

当然,有的人不论大事还是小事,甚至也不分正式和非正式场合,总是不苟言笑,对他人的幽默表达不能心领神会,这就不免有些遗憾。我们要培养自己的幽默感,需要注意以下几点:

知识渊博才能让你懂幽默

幽默并不是不切实际的油腔滑调,也不是刻意的嘲笑或讽刺。它是文化积淀的表现,当事人的文化水准达到一定的层次,这才可能将幽默运用得恰到好处。只有我们的知识面宽广了,才可能做出一个恰当的比喻。同时,幽默首先是个人智慧的表现,只有知识渊博的人,才能妙语连珠,引人入胜。

既然幽默需要丰富的知识,因此我们就应该广泛涉猎,从浩如烟海的书籍中收集幽默的浪花,从名人趣事的精华中提炼幽默的宝石。

洞察力——帮助我们迅速捕捉事物的本质

幽默感的培养还离不开敏锐而深刻的洞察力,也就是要能迅速地抓住事物的本质。虽然扩大我们的知识面能给我们的幽默提供基础,可是没有什么能替代深刻的观察。其实,有不少学识渊博的人并没有看到事物上的幽默。当我们迅速地捕捉到事物的本质,然后能用恰当而诙谐的语言把它表达出来,这就能让人们产生轻松的感觉。

与此同时,我们还应注意处理问题的灵活性,做到对不同的问题有不同的回答,既让人们觉得幽默而又不落俗套,这才真正体现了幽默的魅力。当我们把自己的洞察力提高了,就可能寻找到生活中其他人观察不到的幽默。

恰到好处的幽默所带来的感情冲击力是很巨大的,它有足够的能量来消除人与人之间的误会和纷争。所以,沟通过程中,幽默也是富有感染力和人情味的。

美国总统林肯在一次演讲中,当他正讲得起劲儿,这时突然人群中有一位不知名的先生给他传来了一张纸条,林肯打开一看，让他出乎意料的是，纸条上竟然只有两个字——"傻瓜"。当时，旁边的很多人都看到了纸条上的字，他们都看着总统，看他究竟如何处理这样的公然挑衅。

只见林肯略作沉思，然后他便微微一笑地对大家说："其实本人至今已经收到了很多匿名信，可是全部都只有正文，没有署名，而今天的这个正好相反，这张纸条上只有署名，没有正文！"他的话刚刚说完，大家都为他的机智和幽默而鼓起了热烈的掌声。而那位写纸条的人则混入人群中灰溜溜地逃走了。于是整个会场的气氛便由紧张变得轻松，林肯开始继续进行他的演讲。

林肯在如此紧急关头，只用一句机智幽默的话便扭转了会场的紧张局面，为自己的气场增添了光辉。

幽默是生活的调味剂，有了它，我们的生活会更有滋味。当然，调味剂毕竟是附加使用的，不可滥用。这就像用盐一样，用得适量能让我们的菜味鲜美，而用得太多就会让人难以下咽。所以，在交往的过程中，幽默用得恰到好处，这才能发挥它的魅力。

其实，幽默不单单是一句话或一个故事，它更是一种生活态度，一种生活方式。幽默感越强的人，越能笑对生活，越能给自己带来强大的气场。我们可以通过幽默的方式，将自己的气场传递出去，感染我们周边的人。

QI CHANG XIU
LIAN ZHI
ZHONG JI SHI ZHAN

05

**养护身体健康，
为气场夯实存在的保障**

健康的气场不但会影响自己，也会影响别人

在每年圣诞节的时候，马尔·巴托的儿女们都会带着他们的孩子从不同的城市回家过节。马尔·巴托的儿女们都事业有成，家庭幸福。可是当他们每一次和父母共度节日时，总是要面对沉默不语、情绪消极的父亲马尔·巴托。

原来，马尔·巴托原本是一个百万富翁，经营着一家很大的公司，但是最后由于经营不善，导致血本无归。从此之后，马尔·巴托开始消极度日，整天都是沉默寡言，行动迟缓。所以，走进他的身边，总是能够感觉到一种极其消极和压抑的气场。

在圣诞这个喜庆的日子里，家家都欢聚一堂，本来是一件非常高兴的事情。可是马尔·巴托家里的气氛总是不那么热闹。虽然儿女们、孙子们都能回来团聚，但是父亲马尔·巴托和儿女们还是很少说话，结果让儿女们的心情也很糟糕。

所以，每年的圣诞节假期，马尔·巴托的儿女们过得很压

抑。当这几天假期结束后，他们都迫不及待地离开父亲家。

可是，我们来看看下面的故事，结果完全不同。

马莱克是个很乐观的人，在平日的生活中，每当有人问他近况如何时，他总是回答："我很快乐。"他是一位职业经理人，一个独特的经理。因为他换了好几家公司，就连他手下的几个人都总是跟着他跳槽。他是个很能鼓舞他人的人。倘若有员工心情不好，马莱克就去开导他。

他那乐观的生活态度的确让朋友感到很好奇。一位朋友对马莱克说："人们不可能总能看到事物积极的一面，那你是怎么做到的？"马莱克回答说："因为我每天早上都会对自己说，马莱克，你今天有两种心情可以选择，好心情和坏心情。而我每次都会选择好心情。当遇到坏事情的时候，我可以选择成为一个受害者，也可以选择从中学到一些东西。而我选择了从中学习。当有人在我面前诉苦或抱怨时，我可以选择接受他们的抱怨，当然也可以指点他们学会看到事情的正面，我通常会选择后者。这就是我处世的原则。"

他的朋友听了这些话后，觉得现实中的事情并没那么容易。可是，马莱克给他说其实就是这么容易。人生就是自己的选择。就看你选择乐观对待还是消极对待，有什么样的选择态度，就有什么样的人生。

听到了马莱克的这些肺腑之言后，他的朋友也受到了不小的启发。没过多久，那位朋友就去开创自己的事业了。

过了几年，马莱克出事了：那是一天傍晚，准备回家的他，突然遇到了几个强盗，他们掠夺了马莱克身上的财物后，还对他开了枪。幸好马莱克被一位清洁工人发现了，便赶紧将他送进了医院。经过 8 小时的紧急抢救和两个多月的安心治疗,马莱克出院了,只是仍有小部分弹片留在他的体内。

半年之后,他碰见了那位去创业的朋友。当朋友问他近况如何时,他还是那句:"我很快乐。想不想看看我的伤疤?"朋友看了看他的伤疤后,又问半年前这件事发生时,他想些什么?马莱克答道:"当我中了一枪躺在地上时,我就想自己目前面临两个选择:死、活。我选择了活。"

"你当时不害怕吗?有没有失去知觉?"朋友问道。

马莱克继续说:"当时的医护人员很好,他们不断鼓励我,说让我别害怕,会好的。可是他们把我推进急诊室后,从他们的表情和眼神中,我觉得他们认为'这个人救不活',我知道我应该采取一些行动了。"

"那你采取了什么行动?"朋友紧接着问道。

"当时有个护士大声问我,有没有对什么东西过敏。我马上答:'有的。'于是,所有的医生护士都停下来等着我说完。我深深地吸了一口气,然后大声吼道:'子弹。'当时他们都笑了,我又说道:'我要活下来,请不要把我当死人来医,我是活人。'"

马莱克活了下来,这与那些医术高明的医生有很大的关系,当然也离不开他那惊人的乐观气场。因为他那健康的气场,所以他战胜了一切不幸,最终也战胜了病痛。

心理暗示会通过气场影响生理状况

马明超有过这样一次真实的经历:他在一次出差的时候半夜

里突发哮喘病。这时他感到呼吸困难、胸部憋闷。他来不及开灯，就开始用手摸索窗户的位置。虽然找到了窗户，可是，他怎么使劲，也无法将窗户打开。

情急之下，他便挥拳把窗子的玻璃击碎了。于是便感到一股凉爽的新鲜空气迎面扑来。他走到了被击碎的窗口大大地吸了几口气，感到哮喘明显减轻了很多，于是他又摸索着回到了床上躺下，很快就安然入眠了。

当他第二天早晨醒来后，想起了昨天夜里发生的事情，于是便赶忙去查看，他想知道到底是哪一扇窗子被他打破了。可是，看到的情况让他很奇怪，因为所有的窗户都好好的。再向四周一看，原来，墙上有一块梳妆镜碎了，没想到被他打破的竟是那块梳妆镜。

马明超的哮喘发作是不可否认的事实，当他打破了梳妆镜之后，他的哮喘被控制了这也是不争的事实。可是"治"好他哮喘发作的那"一股凉爽的新鲜空气"其实并不存在，只是他想象之中的事情。像这样的"想当然"就是我们通常所说的心理暗示。

暗示现象是人们的一种心理活动。它可谓是一把双刃剑，既能产生治疗的正面效果，也能产生负面的影响。比如，通常情况下，很多人都敢站在桌子上，而且也不会感到害怕。但是，倘若我们将这个桌子放在悬崖边上，敢站在上面的人恐怕就寥寥无几了。可能有很多人刚走近桌子就呼吸急促、心跳加速、两腿发软，而这个时候，恐惧者的机体很明显是不正常的。

健康的气场能量能让我们的身体向着乐观、健康的方向演化；同样的道理，那些负面的思想和压力能降低我们的身体活力，从而影响大脑的功能。心理暗示积极了，这就能帮助被暗示者稳定情绪、树立自信心，从而去战胜困难和挫折，消极的暗示会给被暗示者造成不良

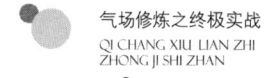

的影响。

只要我们的气场健康了，那就能帮助我们的大脑和情感持续不断地重组、改造和新陈代谢，从而将生理的压力驱赶出我们的身体，于是我们的身体就会恢复它本身的功能。

布兰妮是一位年轻的天才歌唱家，曾经有一次，一家唱片公司向她发出了邀请，请她出演一出歌剧。这次演出的确非同寻常，所以她有点紧张。在此之前，她曾有好几次在导演面前试唱的机会，可是都失败了。因为那几次失败让她感到痛苦不堪，每经历一次失败，都会加重她内心的恐惧，所以，在下一次试唱的时候她就可能背负更大的压力。

当然布兰妮的嗓音非常好，但是她每次都很怀疑自己，总担心自己试唱的时候会在中途出现问题。同时，她还怀疑自己难入戏，也担心导演不喜欢她的嗓音。所以，她的潜意识所接受的自我暗示都是消极的，但这些消极的潜意识调控着她的身体，结果，在她演唱时就不知不觉地把这种观念变成了现实。

于是，布兰妮便去找心理医生进行治疗，心理医生让她尝试用积极的自我暗示来对抗消极的自我暗示，让她在每天早晨和晚上，分别进行一次训练。在训练的时候，找一间安静的小屋，在小屋的中央放一把椅子。然后坐在上面，闭上眼睛，让全身放松，让自己的身体和心灵都在此时此刻归于平静。然后对自己说："我的歌声很动听，我的仪表很优雅，我能成功完成任务。"

按照心理医生的指点，她每天都坚持做这样的训练，经过了为期一个月的训练，她终于让自己的自我暗示发挥了积极的作用，在那场关键而重要的演出中，获得了空前的成功。

前后两次不同的心理暗示，取得了完全不同的效果。所以，我们在日常生活中要经常给自己进行一些积极的心理暗示，这不但对我们的身体，同时对我们的人生都有着积极的作用。

一定要使身体状况经常与气场保持一致

人的生命和健康状况通常与思想和气场是保持一致的。健康在很大程度上是一个观念问题，我们应该通过正确和健全的思考去实现它。

虽然从目前的现实情况来看，人们还没有意识到"自私"也能给自己的身体健康带来麻烦，相信，随着时间的推移，我们就会明白，贪婪和各式各样的自私都会让我们产生身体上的不适或疾病。

我们不要过多地考虑疾病，不要总想着生病，否则，埋藏在我们身体深处的那些疾病的种子就可能趁机生根发芽，并破坏我们身体的和谐状态，让我们的气场削弱并损害身体机能。

不论是哪个方面的不协调思想和任何有关生理状态不好的想象，那些所有能让我们感到恐惧和担心的事物，以及所有的气愤、怨恨、嫉妒、贪婪和自私等情绪，最终都会损伤我们的身体吸收功能，从而影响我们的健康气场和状态。

精神是我们身体健康的规划师，精神上的健康状态决定着我们身体的健康。倘若我们的思考模式中有缺陷和不足，那么这些都可能会在健康的气场中有所反映。

如果我们整天都想着自己会不会生病的事，或者怀疑自己是否可以保持强壮的身体、充沛的精力，甚至怀疑自己有可能患上某种难以治愈的疾病，如果我们的思考方式总是这样缺乏理性，那么我们又怎么会拥有完全的健康呢？

可能很多人都有这样的观点，他们认为健康是命中注定的事，因为

这在很大程度上是由不可变更的遗传机制所决定的。为了生活，很多人都会投入无限的辛劳，因为我们明白事业的成功必然基于对培训、体制和领导方式的科学规划。甚至，我们所追求的每一步成功都必须经过深思熟虑和精密筹备，这就告诉我们，要想在某个领域有所建树，那就要经过许多年的辛苦努力才可能做到。所以，他们就可能因种种原因而忽视自己的身体健康，健康是促成事业成功的基础，可是他们却没有重视，结果将身体搞垮了。这样一来，他们的辛苦努力将是得不偿失的。

而当我们意识到气场可以主导我们的身心健康和身体状态时，觉得强健的体魄可以增强我们的主动性和创造力、激发我们的热情和加强我们的判断力与执行力的时候，我们就会想尽办法让自己拥有健康的身体，而这一切的首要条件就是我们一定要拥有坚强的气场！

当然，我们也可以采用一些明智和科学的方法为我们的健康气场进行奠基。总体而言，可以在平时多想想健康、聊聊健康，让自己保持着健康的信念，只有当我们对健康、强健、和谐、正确和仁爱等这些积极的思考取代了对疾病、软弱、错误、憎恨等这些消极的思考时，健康才可能成为现实。也就是说，我们追求健康的实现，那就需要用积极的思想来取代消极的思想。

对于我们的健康而言，气场是健康的关键要素。我们应该拥有积极的思想，完全相信自己可以通过健康而和谐的思考获得拥有健康的能力。

自信的气场能让你战胜衰老

我们的思想始终保持在年轻的状态，那就能为我们的身体增加一份年轻的活力。如果一个人的精神状态显得暮气沉沉的，那就算他穿上年轻人的衣服，然后说自己依然保持年轻，也得不到大家的认可。倘若一

05 养护身体健康，为气场夯实存在的保障

个人在思想层面觉得自己不年轻了，就算使用再多的化妆品、装扮得再年轻，那也无法掩盖衰老的痕迹。所以，要保持年轻，就要让自己的信念保持年轻，要转变那种认为自己已经走向衰老的意识。

要相信自己年轻，才可能让自己保持年轻，不论我们可以活多久，我们对于年轻或衰老的意识都会反映在我们的身体变化上。如果总是认为已经衰老，那么这个世界上就再也没有什么东西能够让我们保持年轻了，所以，我们应该让自己拥有乐观、希望和活力的年轻思想，倘若思想过早老化，那么生活的艰难困苦就可能让我们的大脑和神经承受巨大的负担，从而严重损害我们的想象力，让我们不再有年轻的活力，不再有年轻人所特有的机敏、准确、灵活和高雅。

倘若一个人的生活态度过于严肃，整天都在琢磨谋生的技巧，那肯定就很难让自己的心态保持年轻，于是他的脸上就可能失去年轻人的神情，生命之泉就可能提前枯竭，他的身体也会逐渐产生相应的变化，和他的思想一样开始不断干涸、萎缩，以致衰老。

快乐幸福地对待生活的人，他们习惯于平静宁和的生活，这样的人通常不会像饱受罹难、艰难困苦的人那样容易衰老。

那些停止自我提升、停止学习新东西的人，也容易过早的老化，有不少人到了四五十岁就失去了获取和接纳新思想观念的能力，于是他们的认识和发展就很容易停滞，这的确是一个很可悲的事实。

如果我们在一段时期内有了很大的进步，那也不要停止远航，一定不要让自己失去年轻的心态，不管我们过去做过什么，都应该努力去过属于年轻人的生活。不管我们的岁月已经流逝多少年，也不要给自己戴上精神枷锁，应该让自己收放自如，超越年龄的界限。我们要明白，那些陈腐的思想和精神通常会让我们的身体不断老化。通过不断地坚持学习，不断地对周围的事物保持浓厚的好奇心和兴趣，这也是让我们身体不老化的一个方法。

气场的作用是巨大的，拥有自信的气场，就能让自己越活越年轻。

多接触有生命力的东西，你的气场生命力也会变强

有一位富豪患上了绝症，他在临终前很后悔自己以前没有重视自己的身体，他说："现在我才真正意识到健康的重要性。人的生命原来是非常脆弱的，当人生了病才真正体会到病来如山倒的可怕，虽然我现在终于明白了这个道理，可惜已经来不及了。倘若能再有一次生还的机会，我一定会时刻关注自己的身体。"

其实，人的身体就是这样的，虽然有的人看上去很强壮、结实，可是如果不密切关注保养，身体就可能会出现病变，倘若我们失去健康没了生命，那气场当然也就成为空中楼阁了。

对很多人来说，可能都有这样的观点：日常生活中，谁都愿意和那些有激情和生命力较强的人来往。很简单，这是因为我们能从对方的身上吸收到生命的力量，同时让自己受到他的积极影响，从而焕发出一种激情和积极向上的力量。

同时，也没有人愿意整天和那些沮丧、沉闷、抑郁的人交往，因为我们从他们的身上吸取不到那些快乐的因素，而且还会让自己受到他们的不良影响。事实上，我们捍卫自己的身体健康，让自己的气场拥有超强的生命力也适用这样的道理。所以，我们就应该在平时多接触一些有生命力的东西，多食用一些有生命力的食物。

也许有人会问：如今，我们的生活水平都得到了很大的提高，可以选择的食物多了，品位也越来越高了，但人们所患的疑难病也越来越多了，而且有很多疾病在以前都是从来没有过的，这究竟是什么原因呢？

其实，就是因为我们现在的生活太好了，在一定程度上违反了自然规律。比如，现在有不少食物都是反季的。虽然屋外飘着大雪，可是我们在屋子里就能吃到西瓜。这些食物均是在各种农药的保护下、在各种化肥的刺激下生长起来的。还有，现在快餐食品深受欢迎，因为不需要多长的时间，我们就能吃到自己所点的食物。而这些快餐食物营养单一，常吃这种东西，人的生命力怎么会旺盛呢？

我们吃东西，不仅仅从食物中吸收它们所含有的营养和能量，同时也会吸收其中所蕴涵的生命信息，也就是生命力。我们可以想想：为什么松子的价格要比葵花子高，而且营养价值也比葵花子高？这是因为松树经过多年的生长才会结出松子，而葵花只需要经过一年的生长就能结出葵花子，它们蕴含的生命气息是不一样的。

对我们而言，是乐意吃一棵年轻的小桑树上结出的桑葚，还是愿意吃一棵有几十年甚至上百年的老桑树上结出的桑葚呢？我们是愿意喝一棵只有四五年的茶树上采摘下来的茶叶，还是愿意喝千年茶树上的茶叶呢？相信很多人都会下意识地选择后者，这是为什么呢？因为它们所蕴涵的信息不一样，后者蕴含着更强的生命力。

我们可能并没有条件每天都吃到那些合乎一般生长规律的蔬菜和食物，但是我们还是应该尽量去维护这个规则，顺应四时，在不同的季节吃对应的食物。

我们应该尽量在生活中找到那些古老而有生命力的东西，通过自己的接触和体会，从它们身上获得生命力的信息，让自己的气场生命力越来越强大。

地磁线和月亮盈亏变化对气场的影响

世间的一切都处在不断地运动和变化之中，当然，人的气场也是不断变化的。气场的变化不但和主观因素有关，而且和许多客观因素也有关系。

在这里，我们主要讲一下地磁线和月相的变化与气场之间的相互影响。

地磁线对气场的影响

地球拥有巨大的磁场，我们人类和一切生命共同存在于这个大磁场中。对于我们的气场而言，两个不同的气场只有在同一波段才能共鸣共存，否则就会造成彼此之间无意义的能量消耗。这就对我们的健康气场提出了一个要求：我们应该顺应磁力线的方向，特别是我们睡眠的时候，自己身体的方向应该和地球磁场的磁力线保持一致，这样才会更舒服。

我们位于北半球，地球磁力线的方向是从南到北的，所以，在睡眠的时候，身体的方向也应该是南北方向的，这样的话，人体内的细胞电流方向就能与地球的磁力线方向形成平行线，于是，体内的气血运行就能保持通畅，而且代谢也能降低，从而减少能量的消耗，睡眠的时候，体内的慢波、快波能协调进行，让睡眠更有深度，更有质量，从而让我们感到很舒服。

而那些总是保持东西向睡眠的人，体内的生物电流通道和地球的磁力线方向相互垂直，这样一来，地球磁场的磁力就和人体生物电流形成了一对阻力。而人体要恢复正常运行，让身体继续保持平衡状态，就要以消耗大量的热能为代价，以此来提高身体的代谢能力，于是人的体温就会升高，气血运行失常，从而易产生病态，会出现头昏、烦躁、失眠等症状。

月亮的盈亏变化对气场的影响

中医认为：月亮的盈亏变化对人的气血、经络之气的盛衰会产生直接的影响。人们在防病治病的时候，利用这样的影响可以产生奇妙的效果。不仅如此，月亮盈亏变化同样对人体的气场有影响。

月亮的盈亏变化对我们的人体产生影响，主要是与月球对地球的引潮力有关。现代医学研究证明，月球引潮力对人体有一定的干扰，它能影响人体内的激素分泌和电解质的平衡，让人的生理、心理上产生各种变化，从而导致疾病的发病率明显高于正常水平，甚至人的犯罪率、交通事故的发生率、人的食量这些因素也会在这一时间段发生突然变化。

同时，这种引潮力对人们的心脑血管也会产生影响，让本来就狭窄的血管因为受压而产生变形，造成血压不稳，血流不畅，从而导致脑血栓、动脉痉挛、脑血管破裂等疾病，也可能诱发心肌梗死、中风猝死等高危疾病。

月相的变化对人的心理也能产生影响，研究显示，当月相是满月时，人的情绪就会比平时紧张，这个时候，人容易激动和失眠，而有癫痫病的患者，此时病情很容易复发。

每月阴历的三十、初一、初二的时候所出现的月相叫新月或朔，这个时候，人体的抵抗力会下降，所以，这是肺心病、冠心病、心绞痛、心肌梗死、脑梗塞等疾病的易发和加重期。有这些病症的人，应该在这几天内注意及时添加衣服，以免遭受风寒邪气，同时也要注意保持情绪稳定。在这个阶段，还应该注意补气养血，早睡早起，在晚上9点到10点就应该就寝。

每月的阴历初六、初七、初八出现的月相叫上弦月，二十二、二十三、二十四出现的月相叫下弦月。在这段时间里，支气管炎、肺炎、传染性肝炎、慢性胆囊炎等感染性疾病的患者容易出现病情复发或加重的情况，特别是上弦月的下半夜和清晨、下弦月的下午和傍晚是最值得注意的时间段，这是犯病的危险期。患有呼吸系统疾病的中老年人，在弦月阶段，一定要注意气候的冷热变化，及时做好防寒保暖的措施，尤其要重视背部的保暖，还要注重加强营养。

阴历十四、十五、十六所出现的月相叫望，在这段时间里，人体内的血液压力就会有所降低，从而让血管内外的压力差变大，很容易引起心脑血管疾病，所以，有心脑血管疾病的患者应该加强注意。

总之，地磁线和月相的盈亏变化对我们的身体和气场都会产生影响，要让自己保持健康的气场，对这方面的注意是不可忽视的。

随着季节的变化，让身体气场保持协调

季节的变化与太阳的照射有很重要的关系。因为太阳是温度和光线

的变化之源,所以季节与气场就有了很大联系。

美国的科学家曾经在过去的40多年间,对接近9万名的成人和110万新生儿进行了调查研究,最后发现,季节因素对人们的影响的确会让人产生不少差异:比如,那些出生在春天的孩子不但有长得更高的优势,还能获得一些艺术天赋。据研究显示,那些从事创造性职业的人,比如作曲家、幽默大师、漫画家等,大约有60%的人降生在春天,而其他季节出生的只有40%。

出生季节还可能对人们的情绪是乐天还是悲观有一定的影响。据美国和澳大利亚的科学研究发现,在夏天出生的孩子通常看上去比冬天出生的孩子更快乐。

2002年的时候,德国著名的人口研究中心发布了一项研究成果,该成果认为,在秋天出生的人,通常情况下会比在春天出生的人寿命更长,而且在老年的时期不容易生病。人们的出生季节和寿命之间的关系对于50岁以上的人群而言则表现得更加明显。

哈佛大学的一名专家做过一项研究,对不同的人群进行智力测试(主要是新生儿、9个月大的婴儿、3岁和6岁的儿童),最终的研究结果显示,婴儿的智力和出生季节也有一定的关系,与其他季节出生的婴儿相比,出生在冬天的婴儿个头更大、智商更高。

美国斯坦福大学的泰勒教授在近十年来一直从事出生季节对气场影响的研究。他最初注意到人的气场和出生季节的关系,是由瑞典的一个自杀案开始的。

瑞典北部有一座城市叫乌米亚。这座城市位于北极圈以南500公里,在冬夏两季分别出现极夜和极昼的现象。所以,这里冬季白天最短时只有4小时,而在夏季,白天最长时间可达到20小时。也正是由于这种极端的昼夜变化,所以导致瑞典成了世界上自杀率最高的国家之一。

在2005年到2008年间,泰勒教授在研究1962年到2003年间乌米亚市自杀居民的资料时发现,春季出生(2月到5月)的自杀者更多选择上吊的方式，而不是服毒。精神病学的分析认为，和服毒相比，上吊则是更加暴力和残忍的自杀行为，这个结论表明，在春季出生的自杀者的性格更易怒和好斗。

2009 年，泰勒教授和另外几位教授在做情绪失常病患样本的抽查时，又发现了一些很奇怪的现象。他们从患者的体内抽取了一些脊髓液，然后测量了其中的血清素、多巴胺和甲肾上腺素的含量。结果发现：那些在 2 月到 5 月出生的人，血清素的含量明显要比其他月份出生的患者低。而血清素含量的高低对人的性格会有不同的影响。血清素含量越低，人的性格就会越暴躁，同时情绪会越低落。

通过这些研究，泰勒教授更加确信：人们的出生季节不同，会导致大脑的发育有所不同，它也能以更微妙的方式改变一个人的气场特征。

了解身体节奏，在气场指数最高时处理相应的事务

人自身的能力状态和身体的某些机能在一定的周期内会有高低波动，有低潮也有高潮。在不同的时期，人的气场指数同样会体现出不同：身体低潮期，气场指数会随之变低，而处于高潮期的时候，气场指数相应也会增高。这就是人体的生理节奏。

我们通过生理节奏就可以解读人体内的"生物钟"，从而了解其规律，然后通过调整，让我们的能力和身体的自然波动相协调，比如，在低点周期和临界日的时候，我们就应该养精蓄锐，让自己的身体放松，可以多做一些重复性的工作，对于那些不愿见的人和令人头疼的问题就可以暂时回避。相反，当身体运行到了高点周期，那我们就应该大干一番，这时候可以作出一些重要决定，重新部署自己的工作，贯彻执行自己的意图。

当我们管理好了自己的身体节奏，那就能更好地利用自己的气场，让自己的工作和生活更轻松、更简单。

关于对生理节奏的认识，我们来看看下面这个例子就会有更清晰的认识：

当丹尼睁开眼睛的时候，才不过是清晨的五点钟，而这时他已精神饱满，充满了活力。看看旁边的妻子，却依然睡得很香。在过去15年，丹尼和自己的妻子几乎就没有同时起床过。

事实上，像丹尼夫妇这样的情况并不少见。每个人的身体都像个时钟那样每时每刻进行复杂地运作，而且运转速度也因人而异。我们可以看出，丹尼是个典型的上午型的人，上午是他一天中精力最旺盛的时候；而他的太太则要到入夜后精神才最好。

很久以来，人们以为导致这种差别的原因是个人的怪癖或是长期形成的习惯。可是，20世纪50年代后期，著名的医生兼生物学家霍尔堡"时间生物学"理论的提出，才让人们那种传统的见解受到挑战。

霍尔堡在哈佛大学的实验室中，通过实验发现了一些血细胞的数目并不是在整天都是一样的，这和它们从体内抽出的时间不同有着很大的关系，细胞的数目在一天中的某个时间段比较高，而过12小时之后就会比较低。同时，霍尔堡还发现心脏的新陈代谢率和体温等也有这样的规律。于是，他便得出了结论：人体内的各个系统并不是永远稳定而无变化地工作，而是有一个周期，每个系统有时会加速，有时也会减慢。我们每个人在一天之内，只有在一段有限的时间里效率能达到巅峰状态。这就是"生理节奏"。

生理节奏和我们的生活可谓是密切相关，我们的健康、事业、家庭生活、社会活动、闲暇时间和运动等等，这些都能用上生理节奏。

在日本和美国的许多企业里，他们将生理节奏的原理应用到了企业的生产和运营上，结果取得了良好的效果。短时间内就让事故率降低了接近60%。另外，生理节奏理论对各类人士追求简单生活、提高工作效率也有很大的帮助作用。这就要求我们要更清楚地去认识自己的身体规律，我们可以这样做：

早晨起床之后一小时，测量一下自己的体温，然后每隔4小时再进行一次测量，我们一天中的最后一次测量时间应该尽量安排在自己睡觉之前。这样，在一天中，我们应该得到五个体温度数。

人的体温变化都是不同的。有了这些测量的数目，我们就能明白自己的体温在什么时候开始升高，在什么时候可以到达最高点，而在什么时候又降到了最低点。当我们熟悉了身体的这些规律之后，那就可以利用时间生物学的原理来提高我们的工作效率。

我们可以根据自己的生理节奏对工作进行这样的安排：当生理节奏到达最高峰的时候，做些体力工作，这样能取得最佳的成绩。一般来说，这个高峰期可持续4小时之久。所以，我们就应该把那些任务量最大、最不好操作的活动安排在自己的体温最高时去做。对于从事脑力活动的人，时间表就复杂一些了。对那些要求准确性的任务，例如教学工作，最好就应该安排在体温正向上升的时候去执行。很多人的体温上升时间是在早上的8点或9点。而对于阅读和思考则安排在下午2点至4点进行会更科学一点，一般人的体温通常在这段时间就会开始下降。

总之，人的身体在不同时期会散发出不同的气场能量，我们应该根据身体的"生理节奏"去安排时间，把自己的事务尽可能安排在气场指数最高的时候进行处理，这样会取得事半功倍的效果。

QI CHANG XIU
LIAN ZHI
ZHONG JI SHI ZHAN

**远离负面气场,
掌握积极人生的主动权**

你关注什么，气场就会为你实现什么

平日里，我们关注的是什么，气场就会将我们的生活变成什么样。因为当人们坚持不懈地关注自己心中的某个想法时，自己的行动就会在意识的促使下不知不觉地向所想的方向发展。

美国的一位哲学家曾经说过"关注什么，就吸引什么"。这句话就是说，我们所关注的事情都会有可能出现在我们的生活当中，也就是我们的意识和想法会吸引一些我们所关注的事物。比如，通常情况下我们每天7点按时醒来，可是如果第二天有急事要办，我们想提前到6点起床，那么第二天即使没有闹钟，我们也会在6点钟起床。

在现实中，人们是很难超越自己所关注的生活的。一位心理学家说过这样的话："人类的神经系统是很'蠢'的，如果你用肉眼看到了一件喜悦的事，它就会做出喜悦的反应；看到悲伤的事，它会做出悲伤的反应。"我们将自己的注意力集中在哪个方面，那自己的生活就会向哪个方面发展；有怎样的决定，就有怎样的地位和境遇。

倘若我们把怎样取得成功当做每天必须关注的内容，而且长期坚持下去，那么我们的这个想法将会吸引成功所需要的那些条件，未来我们就会取得成功。倘若我们想的是失败，觉得自己的生活看不到希望，感到前途一片迷茫，那么成功将永远与自己无缘。

倘若我们关注的是贫困，自己的眼睛和心灵里都充满了对匮乏和穷困的担忧，那我们就很难成为富足的人。倘若我们坚信自己一定会获得财富，抱着这样的心态去不断努力奋斗，财富就会被吸引到我们的世界中来。

倘若我们关注的是自己年龄日渐增长和身体逐渐走向衰老，想到的尽是虚弱和衰老后的行动不便，那么我们的身体也就开始逐渐产生反应，走向衰老。我们觉得自己有多老，那么看着就会有多老。倘若我们不受年龄的影响，认为自己一直很年轻，一直充满活力，并且能以愉悦的精神状态投入到自己的工作和生活中，那么我们的身体就会渐渐地呈现出年轻人的活力。

倘若我们关注的是善良，是仁爱，看到的都是人间的温暖，我们就会发现原来生活是那么美好。倘若我们关注的是邪恶，是人们彼此之间的冷漠，那么整个世界在你眼里都可能是萧条的景象。

倘若我们关注的是积极的东西，比如，"我现在的心情很好"、"我的生活正在一天天的向好的方向发展"等等，那么我们的确就会觉得自己的心情很愉快，相反，我们的一天都可能在悲观中度过。面对的是同样的境况，却有不同的情绪与反应。

事实上，在很多时候，如果我们经常关注的是消极的一面，我们的气场也将会变得消极，从而让我们错失许多可以获取成功、过上美好生活的机会。相反，倘若我们一直关注生活中美好的、积极的方面，那么我们的气场也会由此而变得强大积极，从而带动我们的人生走上精彩的高峰。

只有当人们相信一些东西的时候，才可能感觉到它的存在，即使生活中的美好是一个遥远而模糊的印象，那我们也要用自己纯净的心让它变得清晰。美国著名心理学家威廉斯说过这样一句话："无论什么见解、

计划、目的，只要以强烈的信念和期待进行多次反复的思考，那它必然会置于潜意识中，成为积极行动的源泉。"

当我们想让自己过上富足的生活，让自己拥有快乐的心情，让自己有一个成功的未来，那我们应该远离负面气场，多关注和吸收那些积极的因素，相信美好的存在。

消极气场对自己的危害

消极气场对人们的成功来说是一个大忌。我们可以想象，如果一个人整天都处在消极气场的氛围下，只会浑浑噩噩、愤世嫉俗，这样不但会让自己没有心思进行学习和工作，还会让这些不良的心态和价值观导致自己的人际关系趋于紧张。

一旦人的消极气场产生，那就相当于不相信自己，觉得自己是无能的、无力改变现状的，所以就只能用抱怨来发泄内心的愤怒。当抱怨情绪产生了，那么主动积极的心态就被抱怨赶走，于是就会带着灰色眼镜来观察整个世界，就会觉得自己的生命很没价值，什么事情都不想做，白白地浪费光阴。

人们的态度消极，就会使自己的气场消极。如果一个人的心态受到了消极被动情绪的影响，那么就是一点小小的困难，也可能被看成难以逾越的屏障。于是就会没完没了地抱怨。

而拥有积极气场的人就不同。他们无论处在何种境界，都能保持自己的开心快乐，依然满怀希望，依然充满阳光。

"二战"期间，一个名叫维克多·弗兰克的精神病学博士曾经在纳粹集中营里被关了好几年。饱受生活上的欺凌和人格上的侮辱。在那些暗淡的时光里，每天都有因受折磨而发疯的人。

他强迫自己不去看和想那些倒霉的事情，而是着力回忆自己以往经历过的各种愉快的事，并刻意幻想今后生活中将会遇到各种好运，将会发生各种奇迹。于是，他每天都过得无忧无虑，脸上常常浮现出灿烂的笑容。终于，当他从集中营被释放出来，重新获得自由时，他的亲朋好友简直不敢相信，一个在魔窟里受尽凌辱的人，竟能保持着如此年轻而不衰老的心境。

维克多·弗兰克在几年的痛苦生活中，就是不断地用这种好心态来激励自己坚强地活着，一次次战胜自己的消极心理，不断给自己打气。勇于打破旧的自己，塑造新的自己。最终，他战胜了苦难，消除了自己的心理迷雾。倘若换一个人，也许在如此糟糕的环境中，就会悲观绝望。这种态度会让自身的气场变得极为消极，所以，纳粹集中营里有很多人忍受不住精神折磨，最后便抑郁而终。

如果一个人拥有积极气场，那他在遇到困难的时候，也能很自觉地调整自己的心态，不会被消极和郁闷的情绪所困扰；如果一个人身上体现的是消极气场，可能遇到一点小事都会悲观、失望，这时，不良心态就会和消极气场形成一个恶性循环。

安娜在一家大型公司已经工作四五年了。可是她最大的问题并不是工作能力上的欠缺，而是她那封闭敏感的内心。

前不久，公司举行了一次重要活动，该活动就是由安娜策划的，结果由于策划的疏忽，这个活动并没有取得预想的效果，给她造成了不小的打击，让本来性格就很内向的安娜变得就像惊弓之鸟似的。为了保住这份来之不易的工作，她开始逃避以前本来完全可以解决的业务。她的斗志开始动摇了，看人都是那种羞涩惧怕的眼神，也开始用"不求有功，但求无过"的安守本分的心态对待工作。

看到她如此消极的状态，主管蒙克无奈地说："如果是新职员的话，公司早就把她打发走了；但安娜小姐不同，公司很看好她的，所以我们都在想办法让她重新树立自信。"

从安娜的故事中我们可以看出，消极气场会给我们的工作带来很多麻烦。原本可以做得很好的人，在经历了一次失败的打击后就开始变得消极颓废、逃避现实，让消极气场充斥着自己的全身。她想通过逃避来消除内心的自卑和对困难的惧怕，但越逃避反而会越自卑，而越自卑也就越想逃避。

所以，倘若一个人拥有消极气场，那他就会经常认为自己不行，觉得自己没有能力，也就不敢迈出前进的脚步，这是很可悲的事情。其实，每个人都自己的优点，只要我们能将这些优点得到充分的利用，让它形成自己的积极气场，那么就完全能成就自己。

坚持不懈，让自己的气场勇往直前

我们的一生是一个追寻梦想的过程。这个过程是艰苦的，我们要学会坚持，这样才能让自己的气场在实践中不断发挥作用，从而让我们距离目标越来越近。

只要功夫深，铁杵磨成针。要想取得成功，就要懂得坚持不懈。只有勇往直前，向着自己的目标一直走下去的人，才能让自己的积极气场不断发力，铸就自己的积极人生。

我国古代著名的药物学家，《本草纲目》的作者李时珍就是一位向着自己的目标一直坚持不懈前进的人。他从小就对医学很感兴趣，长大后，就更加热衷于医药的研究。他为了完成《本

06 远离负面气场，掌握积极人生的主动权

草纲目》，几十年来奔走四方，跋山涉水，尝遍百草。为完成这部著作，他不知流了多少汗水，经历了多少辛苦。他几十年如一日，始终没有放弃自己的梦想，最终写成了流芳百世的《本草纲目》。

李时珍的医学之旅能取得成功，这得益于他的坚持。或许，我们应该承认他有某些方面的天分，可是如果没有经过长时间坚持不懈的努力就想获得成功，很显然这是不现实的！

爱因斯坦曾说过："天才靠的是百分之九十九的汗水加上百分之一的灵感！"从他的话中我们也能认识到坚持不懈、勤奋努力是多么的重要。

一家公司的经理想帮助一位一直很稳定但又不愿晋升的同事。他想尽一切办法就是受不到好的效果。

有一次，经理便想换换自己以往采用的方式，于是他便和那位同事聊了聊。聊的过程中，他问同事："如果你的儿子初中毕业时打算继续留在原来的学校，而不愿进入高中继续学习，因为他认为这样学习成绩就可以一直独占鳌头，就不会为不及格和落后他人这些事而担忧了。你作为他的父亲，是怎么看待这件事的？他这样做你会同意吗？"

他很干脆地答道："那我当然不同意了，怎么可以因为怕不及格和成绩单不好看而留级呢？上学的目的并不在于成绩单，而在于不断地学习与成长，考试与竞争的压力正是帮助学习与成长的最好方法。我是不会同意孩子留级的，这样会害了他一辈子的。"

经理在旁边不断地点头微笑。最后话题一转，提醒他说："那你也应该想想你自己的事了。你到了勇于接受挑战、突破竞争

的时候了,别再担心无法达到目标,不要担心在与同行竞争中落后。你现在的做法就像不愿升学的小孩,无形中会受到巨大的损失。"

这位同事恍然大悟,接受了忠告,以最快速度晋升为高职级,如同脱胎换骨一样。事实上每个人都会有担心,目标定高了怕难以达到,职位晋升了怕在竞争中输给别人。但是唯有接受挑战与压力才能不断地突破与成长。

在人生的道路上我们需要不停地迈开大步向前走,不停地探索,不停地追求进步,勇往直前。任何人都不可能一生下来就见过大海的浩瀚、高山的巍峨、大漠的广阔和森林的神秘。所以我们才有了追求的目标,有了充实自我的需要,有了向更高的人生阶段前进的愿望。

要是我们把自己的目标和愿望变成了现实,满足了自己的需要,这就是一种光荣和幸福;即使我们失败了,人生也会因为这一路在风雨中跋涉而变得丰富、充实。所以,勇往直前,不管成功与否,都是一种享受,都是一种幸福。要懂得,只有那些不问收获,不计成败,明知山有虎,偏向虎山行的人才是真正的勇士;那些不断求索而没成功的人也在抒写生命、创造人生。和那些成功者们相比,他们因为失败得到了更多跋山涉水的机会,得到更多享受生命的机会,难道这不幸福吗?

不论你面临的是未知的坎坷还是已知的死亡,我们都不能将前进的步伐放慢或停下。即使你倒下了,也要及时爬起来,继续前进。如果获得了成功,也不能骄傲自满,那样容易停滞不前,远离自己的最终目标,达不到你所期望的更高的人生境界。当你抛开了一切一直向着自己的目标走下去,自己的气场也会充满了强大的推力,给你前进的力量,助你实现最终的理想与目标。

勇敢地迈出你前进的脚步,去探索人生的意义,需要勇气,更需要毅力;需要下决心,更需要有恒心。坚持不懈,勇往直前,虽说有痛苦,但苦中有乐，乐在其中，是一种享受和幸福。

从现在开始，坚持不懈，勇往直前地朝着自己的梦想奋进，一份耕耘一份收获！你付出了，自然就会得到收获！没必要向挫折低头，也没必要向困难屈服，不要因艰辛而后退。拼搏吧！携着你永恒的心，带着你坚强的毅力，踏着稳健的步伐向前方走去，直到最终抵达成功的彼岸。

坦诚面对弱点和不足，完善自己的气场

金无足赤，人无完人。世上找不到一个从来都不犯错误的人。既然错误是在所难免的，那么可怕的并不是犯错误，而是明知有错却不思悔改。坦诚面对自己的弱点和错误，再拿出足够的勇气去承认，并吸取教训，这样不但可以弥补错误所带来的不良后果，而且还能给领导和同事留下良好印象，让我们有改过自新的机会，这就有了完善气场的机会。

小刘在一家公司做财务工作。在一次发放员工工资的时候，她一时粗心，错误地给一位请病假的员工发了全薪。

她发现这个错误之后，便匆匆找到那位员工，说必须纠正这项错误，求她悄悄退回多发的薪金。可是小刘的要求遭到对方的断然拒绝，这位员工的意思是可以分期扣回她多领的薪水。双方对此争论不休，气愤之余，小刘对那位员工说："既然这样，我只能请老板帮忙了，我知道这样做一定会使老板大为不满，但这一切混乱都是我的错，我必须在老板面前承认。"

就在那位员工还站在那里发呆的时候，小刘已大步走进了老板的办公室，她把事情的前因后果都告诉了老板，并说这是她犯的错误，她接受老板的批评。老板听后大发脾气地说这应该是人事部门的错误，但小刘重复地说这是她自己的错误，于

是老板又大声地指责会计部门的疏忽，小刘又解释说不怪他们，的确是她自己的错，并请求处罚。

最后老板看着她说："好吧，这是你的错，可那位错领全薪的员工也太差劲了！"于是，这个错误便得到了纠正，并没给其他任何人带来麻烦。

此后，老板更加看重小刘了，因为她能够知错认错，并且有勇气，不寻找借口推脱责任。

事实上，一个人有勇气承认自己的错误，也可以获得某种程度的满足感，这不仅可以消除罪恶感和自我保护的气氛，而且有助于解决这项错误所制造的问题，也能让当事人受到教训，这不但不会减弱他的气场魅力，反而会增强他的气场魅力。卡耐基告诉我们，即使傻瓜也会为自己的错误辩护，但能承认自己错误的人，就会获得他人的尊重，而且令人有一种高贵欣然的感觉。

喜欢听赞美是每个人的天性。忠言逆耳，当有人对着自己狠狠数落一番时，不管那些批评如何正确，有些人便会拂袖而去，连表面的礼貌也不会做，实在令提意见的人尴尬万分。下一次就算你犯更大的错误，相信也没有人敢劝告你了，这岂不是你最大的失误？当我们错了，我们就要敢于承认。这种技巧不但能产生惊人的效果，而且比为自己争辩还有益得多。

如果你总是害怕承认自己曾经犯下的错误，那么，请接受以下这些建议：

第一，如果你的确必须向别人交代，与其替自己找借口逃避责任，不如勇于认错，对自己的行为负责任。

第二，如果你在工作上出错，要立即向领导汇报自己的失误，这样有可能会被大骂一顿。可是上司的心里却会认为你是一个诚实的人，将来可能对你更加倚重，你所得到的可能比你失去的还多。

第三，如果你所犯的错误可能会影响到其他同事的工作成绩或进度时，无论同事是否已发现这些不利影响，都要赶在同事找你"兴师问罪"之前主动向他道歉、解释。千万不要企图自我辩护，推卸责任，否则只会火上浇油，令对方更感到愤怒。

人生在世，谁能不犯错误。尤其是当你精神不佳，工作过重，承受太重的生活压力时，偶尔不小心犯错是很正常的事。吃一堑，长一智，只要你在犯错后能从中意识到自己的错误，并认真改正，那么你的气场就会更加完善，更有魅力，这对你日后的升迁会大有裨益。

面对失败，气场不倒

高尔基曾说："贫穷是一所学校。"而我们还可以认为"失败也是一所学校"，是一所每个人都必须经历的学校，在这所学校里，我们不但要学会独立思考，而且要学会选择，这一切决定了我们如何尽快从这所学校毕业，而不是继续待下去或重修这所学校的课程。

事实上，失败并不可怕，从失败中学习到人生的智慧才是根本，汲取失败的经验和教训对我们来说是非常重要的。只要能从失败中找到原因，汲取教训，我们就不会再犯同样的错误，更不会让自己失去走向成功的信心。

一位学者曾说："没有比逆境更有价值的教育。"倘若对自己的失败弃之不顾，不进行思考，不找到失败的源头，而只是一味地意志消沉，这势必会影响我们后面的生活和工作。遇到失败，若只是简单地以"跟不上人家"为借口，这就不会有任何进步。倘若没有在失败中学习的精神，那就永远得不到成长。而且，只有在失败中，才能更好地找到我们所要学习的东西。

失败是一副清醒剂，它能使我们受困的头脑保持冷静，它能激发我们潜藏的智慧。历史上孔子蒙难而编《春秋》，屈原被逐而赋《离骚》，左丘失明始有《国语》，孙子膑脚而著《孙子兵法》，司马迁身遭腐刑而成就《史记》……他们都是在失败中反省从而走向成功的典型。

被郭沫若赞扬为"写鬼写妖高人一等，刺贪刺虐入木三分"的蒲松龄，一生怀才不遇，穷困潦倒。蒲松龄一生曾参加过四次科举考试，立志考取举人，可是由于当时科场贿赂盛行，舞弊成风，所以他一连四次都名落孙山。经过了四次科举的失败，他并未因此而悲观失望，而正是这几次的挫折磨炼了他的意志，坎坷的遭遇和长期艰辛的生活，让他加深了对当时政治的黑暗、科举制度的腐朽以及社会弊端的认识和了解，这些都为他的文学创作奠定了基础。于是，他立志要写一部"孤愤之书"。为了鼓励自己前进，为了使自己理想中的书能真正写出来，他给自己写了一副对联：有志者，事竟成，破釜沉舟，百二秦关终属楚；苦心人，天不负，卧薪尝胆，三千越甲可吞吴。蒲松龄以此自警自勉，终于毕其一生精力完成了文学巨著——《聊斋志异》。

蒲松龄的《聊斋志异》是我国古代文学史上的一座丰碑，为文学的发展做出了重要贡献。而他之所以能取得如此成就，与他在经历失败后反省和思考不无关系，与他吸取教训不无关系。

我们遇到失败不要泄气，不要悲观。最关键的就是要能好好思考，找出原因，在以后的工作和生活中减少或避免同类错误的发生。

日本静冈县有一位叫和田一夫的果蔬店老板。他经过自己的努力，国外的事业取得了很大的成功。但在他成功之前，也经历了三次失败。

06 远离负面气场，掌握积极人生的主动权

第一次是在他21岁时，静冈县发生了一次大火灾。他的果蔬店被大火烧毁。火灾后，他用被毁的330平方米土地做抵押，买了一片1000平方米的土地，将它改成了超市，这就是日本著名的八佰伴超市。

第二次是1976年。当时世界石油危机蔓延，他的一家八佰伴门店被迫关闭。但这次的失败使他明白一个道理：自己创业，不能只守着一个地方。而要走出去，放眼全球，大胆地分散资产，调动资金。后来，在他这个思想的驱动下，八佰伴的门店一直从东南亚扩展到中国的台湾、香港和大陆地区。

第三次也是他一生中最艰难的一次。1997年，日本本土的八佰伴公司业绩下滑很严重，负债达1600亿日元。公司不得不宣布破产，而和田一夫则承担了全部责任。这时候，他由一个身价达数百亿日元的大老板一下子变成了贫民，租屋而住。但仅用一年时间，他便创立了经营顾问公司。那时，他已70岁。他想把自己的经验和教训传授给那些年轻的经营者。

"我们来到这个世上不仅仅是为了生存，同时也是来领略自己生命的辉煌。如果可能的话，我们还应该尝试去从事多种职业，尽可能地开发自己各方面的潜能。不论我们身处何等境遇，我们都应拥有这样一份矜持：我的人生，应该这么走过。"这是和田一夫先生坦荡胸襟的自然流露。

的确，我们身上的种种失败往往就像是一面镜子，它是可以映射成功的。只有那些聪明智慧的失败者才能把失败的经验看作是通往成功的必经之路。

我们为何不把失败看成自己成功的彩排呢？今天的失败才能造就明天的成功。所以，我们应该始终保持自己的积极气场，让积极气场的能量促使我们重新崛起，再造辉煌！

学会反思自己，让自己的气场走上新台阶

松下幸之助是日本松下电器的创始人。他在松下公司成立50周年纪念日的讲话中说："在过去的50年里，我们的路没有错，是成功的，而各位也非常热心和努力。可是仔细研究这50年的内容时，的确还存在着很多不足，有的地方做得并不完善，有的地方也有疏忽大意。在今后的时间里，我们就要消灭过去的错误，哪怕前进一步也好，希望我们松下人能在今天这个特殊的日子里，好好反省。人们的生活离不开反省，没有反省就没有进步。"

很多成功学专家教导我们，在每天结束工作时，应该好好想想这些问题：今天我到底学到些什么？我有什么样的改进？我对自己所做的一切是否满意？这样每天坚持反省，每天都根据自己的反省改进自己的工作，必然能够如愿实现自己的人生价值。

古代，圣人们就常常进行自我反省，通过反省而提高自我意识。孔子的弟子曾子就是其中之一。"吾日三省吾身"就是曾子对自己反省行动的描述。他常常反省自己，一是自己对所承担的工作是否忠于职守；二是自己与朋友在交往中是否信守诺言；三是反省自己是否学以致用。孔子认为曾子能够继承自己的事业，所以特别注重传授学业于他。孔子也特别推崇自我反省，孔子曾经说过："什么是最大的勇敢？通过自我反省，要是正义不在自己一方，即使对方是普通百姓，我也不恐吓他们；通过自我反省，要是正义在自己一方，即使对方有千军万马，我也勇往直前。"

善于自我反省的人，生活中处处都会找到提高自我的机会。自我反省能力强的人，就会想和人家相比我能达到人家的水平吗？我为什么会做不到，我怎么才可以做到？这样的话，自己的能力提高了，机会也就多了，心里也更踏实。一位哲人曾经说过："财富并不能使一个人踏实，唯有具备了赚取财富的能力，才会让人踏实。"而通过自我反省，可以使人越来越踏实。

> 有一位为雇主打草的工人打电话给老板杰西："您好，请问您现在需要打草工吗？"杰西回答他说："不需要了，我已经找了一个工人。"工人说："我不但会割草，还会拔除草丛里的杂草。"杰西回答说："我的工人已经做过了这项工作。"工人又说："我还会帮助你把走廊与草地分开，你不会感到不适。"杰西又回答他说："你说得不错，可是我的工人也已把这项工作做得很好了。"于是，工人很满意地挂断了电话。这时，这位工人的一位伙伴问他："你不就是在为杰西工作吗？为什么还要打电话给他呢？"工人回答说："是的，我只是想知道老板对我的评价到底怎么样，这是自我诊断，自我反省。"

让我们想想，要是没有自我反省精神的人会有勇气向老板提出这样的问题吗？我们再来看下面这则故事：

> 有一只小鸟正在忙于收拾家当准备搬家，却遇到他的邻居。
> 他的邻居问："你要往哪里去？"
> 小鸟答："我要搬到东边的树林去。"
> 邻居又问："这里住得蛮好的，为什么要搬呢？"
> 小鸟就答："你真的有所不知！这里的人都讨厌我的歌声，说我唱得太难听，所以我必须搬家。"
> 邻居答道："其实你不用搬家，只要改变唱歌的声音便可以。如果你不改变唱歌的声音，就算你搬到东边的树林去，那里的人也一样会讨厌你。"

这个故事告诉我们：人贵在自知，不要总是埋怨环境和别人，而要经常反省，学会从自身找原因。正所谓"人贵自知"，如果一个人不懂得自我反省，无论他去世界任何一个地方，都会犯同一个错误，最终只会落得精疲力竭，不知道自己应归何处。

人只有通过不断的反思才能发现自己的不足，进而让自己内心的气场不断壮大，让积极的气场力量带领我们前进，那么，等待我们的就是灿烂的阳光和美好的生活。

空谈，会让气场流失

气场是一个人无形的精神符号。由于我们自身的知识、阅历、人脉等这些方面的不同，我们每个人的气场当然也是不同的，有的人气场强，而有的人气场弱。

有一些人原来的气场很强，可是由于一些坏习惯或者不良的表现，从而让自己的强气场逐步流失了，而空谈就是气场流失的一个重要原因。所谓空谈，就是指只说不做，言而不行，徒有不切实际的目标。

有两个年轻人厌倦了都市枯燥的职场生活，所以便约定共同离开城市，去很远的地方寻找他们渴望的人生幸福和快乐，虽然一路上他们风餐露宿，吃尽了苦，可是他们乐此不疲。眼看马上就要到达目的地了，一条很宽的大河拦住了他们的去路。而河的对岸，就是他们朝思暮想的目的地。这两个人既兴奋又着急，因为他们看到目标了，可是却实现不了。

对于如何渡过这条河，他们两人分别给出了自己的答案，双方都认为只有自己的方式是正确的，互不相让。其中一个建议采伐附近的树木，造一条木船渡河，而另一个认为无论采用什么办法都不可能渡得了这条河，他觉得这些都是自寻烦恼和死路，倒不如等这条河流干了，然后再轻轻松松地走过去。

所以，那位建议造船的人便开始每天砍伐树木，准备建造木船所需要的材料，并且为了以防万一，他自己也开始学习游泳了；而另一个人则每天都休息睡觉，睡醒了再到河边看河水流干了没有。直到有一天，那位造船的朋友已经准备扬帆起航了，另一个朋友还认为对方很愚蠢。

不过，造船的人对朋友的看法并不生气，他在临走前只对朋友说了这样一句话："我这么做究竟能不能取得成功，我还不清楚，但是我必须这么去做，倘若我像你一样，一直这样等下去，那就一辈子都无法达成心愿！"

造木船的人最后到达了对岸，虽然并不是一帆风顺的，但是他终于到达了自己向往的地方，而那个等着河干的人最终只是虚度了自己的人生。

这个故事告诉我们，与其空谈，不如实干。这就像一篇文章里所说的：我们给了生活多少耕耘，生活就会给我们回报多少果实；我们对待生活有几分懒惰，生活就会回敬你几分苦涩。

没错，人生就应该脚踏实地，点点滴滴地耕耘，再点点滴滴地收获，我们的梦想不会因为空谈而实现。只有拿出自己的实干精神，努力打拼，艰苦奋斗，这才能得到丰硕的果实。就像上述案例中的两个人一样，他们同样都向往幸福和快乐，可是因为做事方式的不同而出现了两个非常不同的结局。

那些善于空谈的人，刚开始我们可能会相信他的高谈阔论。可是时间久了，他就会原形毕露。当我们发现了他所说的并不是实情的时候，我们就可能会怀疑他所讲的每一句话，如果我们对他产生了怀疑，即使往后他说的都是真话,也很难让别人相信了,于是他的气场也就会慢慢地弱了。

克服人生短板,清除气场发挥的障碍

西方有一句谚语:成功需万事俱备,失败则只需一因。不错,如果一个人的优点很多,可是只要他有一个很大的毛病,就会让人觉得很厌烦,很难接受他。没人愿意和他交往,他就不会有强大的气场。

我们身上的每一个弱点和短处,比如犹豫不决、忧虑、嫉妒等,都会对我们的气场产生影响,同时也影响着我们与其他人的气场之间的能量交换。这些弱点和短处就是我们人生的短板,要让自己拥有更强大的气场,那就必须克服人生短板。

恶习

生活中,我们经常会在不知不觉中形成一定的行为习惯。好的习惯自然能为我们的气场提供动力,可是不好的习惯尤其是恶习(如懒惰、酗酒等),则会成为我们气场的短板。所以,我们应该将自己的习惯进行分类,改掉那些恶习,以免让自己的人生毁在恶习上。

犹豫

所有成功人士共同的特质之一就是立即行动,而犹豫不决则成了很多失败者的共性。因为犹豫不决,他们总是怀疑自己目前的行为,让自己始终都处在犹豫之中。有时候,当他们看准了一项事业后,做到一半的时候又觉得还是另一个职业更为保险,所以就可能半途而废。这种人也许会在较短的时间内取得一些成绩,可是从长远来看,他最终也是一个失败者。因为那些遇事迟疑不决、优柔寡断的人很难取得引人瞩目的成就。

犯错

虽然人常说失败是成功之母,但是,在下面这两种情况下,犯错误就是一种缺陷：一种是在一个问题上经常犯错误，另一种是犯错误的频率比别人高。这些错误之所以能出现，或许是因为态度的问题，或许是因为做事根本就不细心、不负责任，可是无论哪种，都对我们的成功没有好处。所以，我们平时要学会控制自己，改掉那些马虎大意等不良习惯；当犯错之后就不要找借口，而要吸取教训并加以改正。

忧虑

通常情况下，人们的精神压力并不来源于眼前的现实，而是对过去所发生的事情的悔恨，同时还有对明天将要发生事情的忧虑。忧虑会让我们的心情降到冰点，同时还会给我们的工作和学习制造出更大的压力，而且忧虑对解决问题没有任何正面的帮助。所以，我们要控制自己的情绪，客观地看待问题。

妒忌

妒忌会让我们做事的时候产生不理智、不积极的态度，这样可能会导致事倍功半，甚至劳而无功。所以，在日常交际中，我们都应该学会平和、宽容地对待他人。

自卑

自卑会让我们的自信心受到极大的挫伤，同时也会扼杀我们的气场。所以，在做事情的时候，一定要相信自己的能力，可以在内心告诉自己"我能行"、"我是最棒的"，通过这样去鼓励自己，才能把事情办好，人生才能走向成功。

虚荣

人人都有虚荣心，可是虚荣过度会让人变得自负自大，整天只想听一些赞美之辞，而对他人的正确意见和建议就可能听不进去，这对我们的未来是不利的。所以，我们应该控制虚荣心，正确地认识自己。

此外，当我们在做事的时候，一旦遇到问题不要一味蛮干，应该找到导致问题产生的原因，将问题彻底解决。

在一家刚成立不久的电子商务公司中，采购和销售是两个独立运行的部门。公司规定这两个部门的资料每周都要进行两次交流。可是，平时大家的业务都很繁忙，而且这两个部门的员工也没有及时进行交流沟通，所以总是出现这样的情况：销售人员认为商品有货源，所以就接受了顾客的订单，可是采购部却不能在短时间内找到相应的货源，这样客户就不能按时收到商品。所以，公司经常会接到客户不满的投诉电话，这对公司的业绩和形象造成了严重的影响。

当总经理发现了这两个部门缺少沟通这一关键而又薄弱的环节之后，给全公司每个员工的电脑上都安装了即时沟通软件，这样就保证两个部门员工的及时沟通；而且还建立了公司库存与近期货源一览表，这就避免了有单无货的现象。这样做不但提升了顾客的满意度，同时也提高了公司的业绩。

如果上述的问题没有及时解决的话，无论销售人员再努力接订单，那也对解决问题没有任何实质性的帮助。因此，要抓住导致问题出现的短板，从根本上进行解决，这才能让问题迎刃而解。

气场的敌人是自己

人和动物最根本的区别在于人会制造工具进行劳动，而动物不能。那么，人类依靠什么力量来制造工具和使用工具呢？同样是人，为什么会有成功与失败的差别呢？其实，人的复杂性并不仅仅在于他们可以用工具劳动，还在于他们能进行思考，思考怎样去制造和使用工具，思考怎样去改变人生。

06 远离负面气场，掌握积极人生的主动权

埃布与汤森是一对双胞胎兄弟，埃布比汤森早一会儿出生，所以做了哥哥。他俩从小就生活在一个不幸的家庭中，家境贫寒，而且父亲是一个瘾君子，还经常对母亲拳脚相加。母亲因为忍受不了家庭如此的贫困和丈夫的残暴，于是和丈夫离了婚，抛弃了他们的家庭和两个孩子。

有一天，天还没有亮，两个孩子突然被一阵吵闹声惊醒。他俩偷偷从门缝里看出去，只见他们的父亲被几个警察押上车带走了。过了几天，他们才从邻居那里得知，父亲是因为没钱去买毒品，便去打劫一家夜店，还杀死了夜店的一名员工，被判了终身监禁。

这时，他俩的年龄都还不到5岁，他们只好流落街头，以乞讨为生。15岁那年，他们哥俩决定分开谋生，而且还相互发誓，当他们混好之后再相聚。

后来，埃布吃喝嫖赌，最终因为策划了一次抢劫，并且还杀死了所挟持的人质而被判处终身监禁，完全走上了父亲走过的路。

汤森则完全与埃布相反，他勤勤恳恳地工作，踏踏实实地做人，凭借自己的辛苦努力，终于自学成才，考入了著名的宾夕法尼亚大学，最终也顺利地拿到了毕业证书。毕业后，他成了一家电视台的节目主持人，结婚生子，家庭生活幸福美满。

这两兄弟的人生竟然会有这么大的差异，所以便引起了社会的关注，有记者分别采访了他们。结果，没想到埃布与汤森都把自己的境遇归结于他们的父亲。

埃布认为，他从出生就开始受到了父亲坏的一面的影响，而且还说："虽然我当初和弟弟发誓要混出个人样，可是事实证明我是不可能改变自己的命运的。我之所以会沦落到今天的处境，那是命运早已安排好了。"

汤森则觉得自己之所以能过上好日子，就是因为他从小就知道不能靠父亲，只能靠自己的努力才能改变命运。他说："在和哥哥告别后，我又流浪了一段时间，在这段时间中，我一直在思考怎样才能改变自己的命运。我相信只要努力就会有结果，也相信我的命运就掌握在我自己的手中。现在我之所以能成功，就是因为我一直坚守这两个信念。"

他们有着同样的成长经历，却因为人生理念的不同而最终换来了不同的结果。

人的一生，只有认清自我才能让自己获得不断前进的动力。其实，人最大的敌人并不是别人，而是自己。即使你在财富、学历、家庭背景和天赋等方面有着优越的条件，但是倘若不明白自己真正擅长的方面，那最终也只能成为一个平庸之辈。我们都应该扪心自问的并不是"我懂得什么"或者"我是什么人"，而是"我应该做什么"或者"我能够做什么"。

贪欲不可有，它会让你的气场走向极端

人人都渴望自己的气场能强大起来，从而就可以得到大家的认同。强大的气场是需要一定的欲望的，可是，无休止的欲望或者不切实际的欲望，也会给我们带来灾难和痛苦，并会让我们的气场走向极端。

其实，有很多人就是因为无尽的欲望而让自己原有的气场受到了破坏，甚至还有些人为了满足自己的贪欲，不惜铤而走险，结果做出了让自己后悔不已的事。当人们的心中被那些好逸恶劳的念头占据的时候，人们前进的脚步也会开始偏离轨道，直到酿成大错，这时就是后悔也来不及了。

06 远离负面气场，掌握积极人生的主动权

非洲的一个部落里，有一群土著人经常捕获猴子作为食物。通常，他们会在一个树洞里放一个坚果，而这个树洞的大小真是太巧妙了，只要猴子握住坚果，爪子就会被卡在树洞的口上。

只要树洞里有坚果，猴子就会将爪子伸进去抓取，可是抓了坚果爪子就无法从树洞里出来，而这时即使有生命危险，它们也不肯放开手中的坚果，只好束手就擒。

虽然这个故事说的是猴子，可是我们不妨联想到人类。控制不好自己的欲望，就会给自己带来伤害。倘若人成了欲望的奴隶，那就只能走向失败，而不会迎来成功。这正如一句话说，欲望就像海水，喝得越多，越是口渴。我们应该成为欲望的主人，要控制好自己的欲望而不是让欲望来控制我们。

所以，我们要切记，不论是做人还是处事，都不要太贪婪，不要让自己的欲望像脱缰的野马四处狂奔，而要将自己的心态放平，只有这样才能轻松面对得与失的考验，才能平静地对待生命的每一次跌宕起伏。以平静的心态去面对生活，让自己的欲望保持适度，这样才会给自己的气场增添活力。

从前，有一个非常狡猾奸诈的财主，眼看要过年了，可是他不想给仆人支付工钱，在这些仆人中，有一个已经连续很多年都没拿到工钱了，可是，这个财主根本就不想给他一分钱，但他还不想因为这样的举动而损害自己的名誉。于是，他便想了一个办法，对这个仆人说："明日天一亮，你就开始向前跑，只要能在日落之前绕一圈回到原点来，我就把你跑过的这些土地全部送给你。"

这个仆人很久以来都想着从地主那里要回自己的工钱，只是一直苦于没有可行的办法，而听到财主这样一说，他觉得有

希望了，心里特别高兴，他想：这一回，我终于可以拿到工钱了。

于是，第二天一大早，他就按照财主的话开始了自己的圈地之旅。在跑的过程中，他发现财主的这片土地真广阔，对此，他痛恨财主的吝啬，但又很羡慕财主衣食富足的生活，这时，他又开始思考了：只要我尽量多圈一些土地，我也就能过上像他一样幸福的生活了。

他拼命向前跑，时间在一点点地流逝，而他所跑过的土地也越来越多，这让他感到很激动，眼看太阳已经逐渐西沉了，他开始加快了脚步。后来，他简直就像发了疯的野兽似的在土地上狂奔。终于在太阳即将落山的那一刻，他绕完一大圈返回到了原地，可是刚到这里就因体力过度消耗而累死了。

这就是贪婪的下场。贪心无度，只会自食其果。

一个人的欲望能否实现，要看他是否具备成功的条件，如果超出了个人的条件那就是贪欲，贪欲过多，就会让自己的气场失衡，也会让自己走向失败。

QI CHANG XIU
LIAN ZHI
ZHONG JI SHI ZHAN

07

着眼大目标,
以行动扩展气场的深度

心动就要行动，在实践中充实气场

有这样两个和尚，一个很贫穷，另一个很富有。

有一天，穷和尚对富和尚说："我打算去一趟南海，你觉得怎么样呢？"

富和尚说："你凭借什么东西去南海啊？"

穷和尚说："这还不简单，一个水瓶、一个饭钵就足够了。"

富和尚大笑，说："南海离我们这里太远了，好几千里路呢，路上的艰难险阻多的很。我在几年前就打算去南海呢，从那时起我就开始作准备了，等我准备好了充足的粮食、医药和一些工具后，再买上一条大船，然后再请几个水手和保镖。可是你看看你有什么，就凭一个水瓶、一个饭钵，还想走那么远的路，我劝你还是别做这个白日梦了吧。"

穷和尚听了富和尚的这番话，不想再和他争执。第二天一大早，穷和尚就只身踏上了去南海的路。他遇到有水的地方就盛上一瓶水，遇到有人家的地方就去化斋，一路上尝尽了各种艰难困苦，很多次，他都被饿晕、冻僵、摔倒。可是，他一点

07 着眼大目标，以行动扩展气场的深度

儿也没想到过放弃，始终向着南海前进。

很快，一年过去了，穷和尚终于到达了梦想的圣地。

两年后，穷和尚从南海归来，还是带着一个水瓶、一个饭钵。穷和尚由于在南海学习了许多知识，回到寺庙后成为一个德高望重的和尚了。而那个富和尚还在为去南海做各种准备工作呢。

人的思维决定他的行动，行动则又决定他能否获取最终的成功。其实，在日常生活和工作中也是如此，如果一个人不善于采取行动，那么他是很难有所作为的，充其量只能是一个空想主义者。

在现实生活中，至少存在两种类型的人：一是天天沉浸于幻想之中，看不到一点行动痕迹的人；二是善于把想法落实到计划中，成为一个敢于行动的人。你是哪一类人？凭你自己的经历，你应该可以找到答案的。

但是，这个看似人人皆知的问题，在许多人身上并没有引起足够的重视，因为他们常常把失败的原因归罪于外部因素，而不是从自身找到失败的根源。其中很重要的一条是：这些人常常是一名幻想大师，面对那些看不见、摸不着的东西时心动不已，总以为光凭自己的意愿就能实现人生理想，就能过自己想过的日子，就能成为一个被人羡慕的人。抛开这些特定的人不讲，实际上在我们身边，那些天天抱头空想自己未来的人，之所以没有人生的进展，就在于他们都是"心动专家"，而不是"行动大师"。

有个成语叫"心想事成"，这个词本身没有错，但是很多人只把想法停留在空想的世界中，而不落实到具体的行动中，因此常常是竹篮打水一场空。当然，也有一些人是想得多干得少，这种人比那些纯粹的"心动专家"要强一些，但通常他们也很难取得成功。

有句话说得好："一百次心动不如一次行动！"因为行动是一个敢于改变自我、拯救自我的标志，是一个人能力有多大的证明。光心想、光

会说，都是虚的，不能看到一点儿实际的东西。一位科学家曾经说过这样一句话："一次行动足以显示一个人的弱点和优点是什么，能够及时提醒此人找到人生的突破口。"毫无疑问，那些成大事者都是勤于行动和巧妙行动的大师。这样的例子，我们可以举出无数。在为人处世的道路上，我们需要的是：用行动来证明和兑现曾经心动过的梦想。

也许你早已经为自己的未来勾画了一个美好的蓝图，但是它同时也给你带来烦恼，你感到自己迟迟不能将计划付诸实施，你总是在寻找更好的机会，或者常常对自己说：留着明天再做。这些做法将极大地影响你的做事效率。

因此，要获得成功，必须立刻开始行动。任何一个伟大的计划，如果不去行动，就像只有设计图纸而没有盖起来的房子一样，只能是一个空中楼阁。

切记，气场是靠我们的行动来完善的。心动只能让你终日沉浸在幻想之中，而行动才能让你最终走向成功。

不要自我设限，否则会限制气场的发挥

一个人的行为和命运其实都是气场活动的结果。那些成功人士和普通人其实也没有什么太大的差别，而最大的不同就是成功人士知道挖掘自己的潜在能量，从而让自己时刻都保持着强大的气场，这样就会赢得他人的信赖和支持，获得巨大的财富和崇高的地位。

曾经有人说过，一个人唯一的限制，其实并不是来自别人，而是来自其自身。只有自己才能挣脱自我设限。可是在生活中，总有一些人由于意识不到自己所具备的巨大气场能量，所以总是自我设限，这当然就很难成功了。

很多时候，并不是事情超出了我们的能力范围，而是人们无法超越

07 着眼大目标，以行动扩展气场的深度

自己思想的限制，束缚了自己。

美国的一位学者曾经做过这样一个实验：他拿来一只玻璃杯，将跳蚤放到里面，结果跳蚤一下子就跳到了杯子外面。他又重复做了几次，结果还是这样的。接下来，他把跳蚤放进了玻璃杯，然后在杯口上盖了一块玻璃。这一次，跳蚤一跳就撞到了上面的玻璃。就这样，又经过了反复的几次实验，跳蚤逐渐降低了自己跳的高度，就不再碰上面的玻璃了。

过了一段时间，这位学者又拿来一个矮一点的玻璃杯做同样的实验，由刚开始不加盖玻璃到后来盖上玻璃，跳蚤也在不断降低自己跳的高度。后来，玻璃杯越来越低，跳蚤已经习惯不跳的生活了，每天静静地在玻璃杯里来回爬行。到最后，上面的玻璃被去掉了，跳蚤竟跳不起来了。原来，长久的爬行，使它已经丧失了跳的功能。

我们的生活中，其实也有很多人过着这样的"跳蚤人生"。他们在年轻的时候意气风发，渴望成功，可是事情没有他们想象的那么简单，总会经历失败，而在几次失败之后，他们就开始怀疑自己的能力，开始抱怨社会不公平。对生活的激情少了大半，对人生也多了一份忧虑，对自己的未来也感到很渺茫。渐渐地，他们的那种拼劲儿就会减弱，甚至消失。就像故事中的跳蚤一样，原来的一切限制已经被取消，但多次的失败消磨了他们的勇气，他们已不敢再跳，或者已经习惯了，不想再跳了。

所以说，现实中那些因多次碰壁而不敢再追求成功的人，他们在困难面前不会从不同的角度去思考，只是一味地觉得自己处境困难。于是，便在自己心里设置了一个高度，总是觉得自己无法超越这个心理红线，因此，他们会一次次的降低自己的要求。在思维定势和消极的潜意识影

响下，新思路、新想法都被他们拒之门外，于是那些原本可以抓住的成功机会也会被他们屡屡放弃。

王东盟刚刚加入了一家保险公司做电话推销的工作。初来乍到的他，对自己的未来充满了希望。可是，第一天打的第一个电话就给他泼了一头冷水，令他难以忘记。

当时，他充满热情地拨通了对方的电话，这也是他的第一个客户，可是万万没想到的是对方听了他的身份介绍后就非常生硬地打断了他，不但把他的推销拒绝了，同时还将他骂了一顿，说自己身体很好，不需要什么保险。

这次失败挫伤了王东盟，从此以后的电话推销，他的心中就开始有了阴影，说话没有任何立场，而且讲解也变得吞吞吐吐，所以没有人愿意向他买保险。这样他的心理阴影就越来越大，甚至再也不愿意去摸电话。

眼看工作都快一年时间了，可他竟然没有签成一份单子。于是他便觉得自己或许并不适合这份工作，因为他的口才不好，这就很难打动别人，想到这些，他特别灰心。经理鼓励他不要灰心，要给自己机会，没有谁生来就能取得成功，当然也没有人总会失败。

经理的话让王东盟深受激励，也让他有种豁然开朗的感觉，于是，他鼓足勇气，决定搏一搏。他找到了一个自己曾经联系过却被拒绝的客户资料，通过仔细研究对方的需要之后，他选择了一份比较适合对方的险种。当这些工作都准备妥当后，他拨通了对方的电话。结果，他的自信和真诚打动了客户，对方和他签了单，买下了那份保险。

当初，他没有签下单就是因为自我设限，不相信自己的能力，让自己的气场消失,所以没有成功也是理所当然的;而后来因为有了勇气,同时了解了客户的需求,所以成功便水到渠成了。

自我设限其实就是减弱自己的气场能量,气场的能量消失殆尽,还怎么可能成功?为了自己的前途和未来,请鼓起勇气相信自己,别让自己整天生活在自我限制的天地中。

让气场在进取中强大

数学上有一道这样的题目:在一个池塘里,有一些鱼草,它们每天会增长1倍,30天会长满整个池塘,请问第28天的时候,池塘里有多少鱼草?

这道题的答案应该从后往前推,答案为1/4。站在池塘的对岸,也许你会觉得这个比例是很少的,但是第29天就会占整个池塘的一半,而第30天就会长满整个池塘。

每天进步一点点,就会产生无穷的威力!池塘里的鱼草是这样的,而我们人类则更是这样。倘若我们每天进步一点点,永远都保持一颗奋进的心,那我们的气场就会产生巨大能量,从而会让我们的人生发生翻天覆地的变化。

积极进取会给我们带来很好的气场。因为我们的不断进取,会让别人觉得我们的发展前景广阔,他们就乐意和我们交往。一个人最终究竟是平庸之辈还是人中之龙,通常主要取决于他是否有积极进取的精神。

你是否学习过《伤仲永》这篇课文?

北宋时期,有一个叫方仲永的人自幼天资聪明过人,五岁时就能写出四句诗来。于是他的父亲很高兴,便拿儿子的诗去请教村中的老秀才。老秀才看完了方仲永的诗后,连声叫好,说后生可畏。后来,有很多读书人都慕名而来,出题考方仲永,而他也能很快做出来,而且写的诗思想积极、文采斐然。

就这样一传十,十传百,方仲永很快就在他们的乡里出了名,同时他也成了整个县里妇孺皆知的名人,就连临近各县也知道有个"神童"叫方仲永。

方仲永出名后,人们就渐渐把方仲永父子当做宾客进行接待,许多有名望的学者和绅士都邀请方仲永去他们家做客,还有许多人拿着金钱和礼物专门来到方家进行拜访,请方仲永写作诗文,然后悬挂在自家客厅显眼的地方。

方仲永的父亲尝到了他人送礼的甜头,于是便不让儿子继续学习上进,而是天天领着他四处向别人求讨财物。年纪小小的方仲永,当然也抵挡不住外面的诱惑,便经常和父亲出入于豪门阔宅中。因为长期以来没有学习,所以他的学问也没有长进,他那聪明的天分也渐渐泯灭了,所写的诗总是那么几首,人们看多了,也就觉得没有新意了。

从这个故事我们可以看出,一个人即使拥有再好的天分和再强大的气场,也要懂得积极进取,如果不懂得给自己不断注入新能量,那么能量就会逐渐减弱,就会萎缩,甚至消失殆尽。倘若一个人没有了气场,那他就不会获得自己所渴望的成功。

气场如果不在进取中强大,那么就会在停滞不前中消亡。积极上进的心是气场的支柱,也是成功人生的支柱。拥有一颗积极上进的心,我们才可能不断地完善和提高自我。拥有一颗进取的心,我们奋发向上的动力就会更加充足。而如果我们忽视了进取之心的力量,在生活中随波逐流,安于现状,对自己大部分还没有被开发利用的潜力无动于衷的话,那么我们将来的结局也就和方仲永没有什么两样。

07 着眼大目标，以行动扩展气场的深度

进取是一种向上的精神，它能不断地提升人的气场和能力，从而让一个人的人生走向辉煌。

众所周知，娱乐圈是个新人辈出、喜新厌旧的地方，可是"四大天王"之一的刘德华时至今日，依然是影视歌坛的超级巨星，依然是演艺界的当红偶像。这是什么原因呢？

从唱歌来看，他没有张学友那动人的歌喉和唱功；从舞蹈来看，他没有郭富城那样潇洒帅气的舞姿；从演技来看，他没有梁朝伟那样精湛的技艺。而他之所以能有着辉煌的成就，红遍亚洲二十多年，演绎了不老神话，正是因为他一直没有放弃努力，一直是用不懈的努力去挑战极限，为了目标而进行奋斗。他那不断进取的精神就是他气场的动力之源。刘德华以自己不断奋进的精神感召力征服了千千万万的歌迷和影迷，创造出了自己的人生奇迹。

人的气场能够不断强大，就是因为进取之心的推动而造就的。进取心这种内在的推动力给了我们充足的动力，激励我们为了更加美好的明天而不断努力。

所以，为了自己的未来请努力吧！一旦我们受到进取心推动力的引导和驱使，就会让自己的气场更强大，让自己的人生更完美。

塑造自己的积极气场

在古希腊的神话传说中，有一位名叫皮革马利翁的王子，他性情比较孤僻，喜欢一人独居，但他特别喜爱艺术，很擅长雕刻。

有一次,皮革马利翁用象牙雕刻了一座女神像,给它取名叫加勒提亚。对这幅作品他感到非常满意,所以总是爱不释手,整天含情脉脉地注视着它。天长日久,加勒提亚竟然被他的爱感动,神奇地复活了,成了活生生的人,而且最后成了皮革马利翁的妻子。

这就是我们通常所说的"皮革马利翁效应"。它提倡信念的力量是特别惊人的,我们相信自己行,那自己就一定行。许多人总是在事业和学业上受到这样那样的挫折,就是因为他们没有信念,他们遇到挫折就会习惯性地认为这是因为自身能力不足造成的,要不就觉得是自己不够努力,要不就觉得时机还没成熟。在这种心态下,就会让自己的气场能量不足。

我们要塑造积极的气场,就要在内心时刻提醒自己:我能行。当我们对自己充满了强烈的信念时,即使做事遇到了失败,那也不会受到挫败感的影响,反而能从中吸取教训,再接再厉。

如何做才能让自己一直充满自信呢?其实,自信就是重新进行自我认识。以常理来说,当一个人做成了一件事后,就会产生成就感,于是他的身上自然就会流露出自信,从而产生积极的气场。可是如果一个人没有那些外在的刺激,仅仅通过自身认识的改变,也可以让自己的气场变得积极,让自己更加自信。

格瑞丝是一名印第安族的小女孩儿,她总是认为自己长得不够漂亮,因此,平日里她总爱低头走路,害怕别人看到她的脸。

有一天,格瑞丝从学校旁边的饰品店里发现了一只粉红色的发卡,她很喜欢这个发卡,营业员不停地夸赞说格瑞丝戴上这个发卡很漂亮。虽然格瑞丝心中还有点不信,但是被人夸奖

07 着眼大目标，
以行动扩展气场的深度

漂亮的确让她感到很兴奋。

于是她便买下了这个发卡，戴在了自己头上。可能觉得自己戴上发卡比较漂亮吧，所以格瑞丝走在路上便不由得昂起了头，结果被一位报童撞了一下都没有在意。

当她刚刚走进教室，就迎面碰上了她们的地理老师，"格瑞丝，你昂起头来真美啊！"老师很高兴地对她说。不一会儿，格瑞丝已经得到好几个人的赞美了。她想，这一定是今天这个漂亮发卡所起的作用吧，可是一照镜子才发现，她头上的那个发卡已经不在了。

格瑞丝开始就是因为太消极，没有自信，觉得自己不漂亮。可是后来别人的赞美证明，其实她也是挺漂亮的，只是由于当初那种消极没有让她发现自己的漂亮罢了。

生活中的一些人长期生活在自卑的阴影里，所以就没有成就感，当然也就很难建立自信，在这种情形下，他的认识始终都是很悲观的，所以他们想要改变自己的心态，也不容易。这个时候，就应该学会不断尝试。去尝试一些新的事情，比如自己不敢去做，或者看上去觉得自己能力不够的事情。勇于尝试就能让我们的信心更强大。

李开复在刚刚加盟微软公司的时候，和自己的同事进行一般的沟通都是没有问题的，可是到了老总比尔·盖茨面前，他每次都感到心情紧张，不敢讲话，总担心自己可能会说错话。

有一次公司要推行改组的政策，比尔·盖茨召集了十多个高管开会，要求大家都要发言。李开复听了心情非常紧张，但他当时又转念一想，既然规定了每个人都要讲，那我还不如把自己的心里话都讲出来。于是，他就鼓足勇气说："在微软，员工的智商是一流的，这毋庸置疑，但是效率却是最差的，因为整天改组，这样不顾及员工的感受和想法。别的公司，员工的智商都是相加的关系，可是我们却因整天陷在改组的斗争中，所以智商其实就是相减的关系……"

李开复发表完自己的意见之后，整个会议室鸦雀无声。会议之后，有不少同事都给李开复发邮件说："你讲得很好，我也特别希望自己能像你这么讲！"结果，李开复的话的确起了作用，正是有了他的这番心里话，使得比尔·盖茨做出了一个很大胆的决定，要对公司进行一次很全面的调整。

李开复没想到，他说的这些话竟然能让比尔·盖茨做出如此大的决定。于是，以后的各种发言，李开复再也不惧怕了，他开始变得更加自信起来。

李开复更加自信了，那么他的气场也就更强了，所以，他的事业总是不断上升。

当我们有了自信，那就会给自己形成积极的气场，在积极气场的推动下，会对自己和他人都产生积极的影响，从而让自己不断进步。

告别过度谨慎，学会适当冒险

我们都很羡慕那些取得成功的人，总是觉得他们的能力很强。其实成功的人与失败的人的区别并不完全在于能力的强弱，还在于他们是否具有适当的冒险精神和采取行动的勇气。因为冒险精神和勇气能撑起我们的气场，从而让更多的人敬佩我们。

冒险是一种探索和追求的精神，是一种敢于拼搏的精神，也是一种难能可贵的上进心。那些敢于冒险的人，通常在关键时刻会一跃而起，拿出惊人的成绩，让旁人充满了敬佩的目光，让自己成为气场十足的人；

07 着眼大目标，以行动扩展气场的深度

而那些不敢冒险的人则总是追求稳定、小心翼翼，事情过后才慨叹机会稍纵即逝。可是，那时的感叹又有什么用呢？因为缺乏勇气和魄力，所以这类人总是庸庸碌碌、无所作为，那也就没有什么魅力可言了。

英国的著名剧作家萧伯纳有句名言："对于害怕危险的人，这个世界总是危险的。"社会就是一个大舞台，每个人都想在这个舞台上表演出成功的自己。但是，人们也都有着懒惰的天性，很多人总是希望自己能面对同样的状况，能用同样的方式去处理问题，这已经成了他们的习惯，他们就是想通过这样重复的量的积累，来达到自我超越。就算他们会产生冒险的想法，最终也会因为怕麻烦和风险而没有付诸实施。

事实上，那些气场十足的商贾名流并不一定就比我们普通人聪明，他们的学识也不一定就比普通人多。而他们做出了惊人的成绩，成了令人瞩目的对象，这是因为他们所拥有的冒险精神比别人多。

冒险精神并不是天生的，也不是一成不变的，而是在后天逐渐培养出来的。所以，人们应该去培养这样一种精神。应该学会去承担风险，通过长期的坚持，让自己成为很好的创业者，否则总是墨守成规，总是做别人做过的事情而不尝试新的东西，这样就可能永远做不出骄人的成绩。

> 蓝山中国资本是一家投资机构，它的创始合伙人唐越认为，如果一个人要进行创业，那就必须具有冒险精神："我喜欢的企业家首先要有冒险精神。"这是他一贯的观点，因为他觉得"新投资行为本身就有很大的风险，但好在我们习惯于这种不确定性的环境，也喜欢这种不确定性，这就是我们的兴趣。"
>
> 唐越本人就是一个敢于冒险的人，他的冒险之旅始于2000年的3月份，赶在互联网行业的寒流之前，他将自己的e龙公司以6800万美元的价格卖给美国的一家上市公司——Mail.com，在当时互联网领域的热潮中很少有出售事例，而且出售自己一

手创立的公司这几乎是史无前例。

没过多久,互联网寒流来了,包括上市公司 Mail.com 在内的很多互联网公司都受伤严重,于是,在行情非常低迷的情况下,唐越于 2001 年 5 月又进行了一次冒险——他出价 300 万美元将 e 龙又从 Mail.com 手里买了回来。过了三年,到 2004 年 7 月的时候,唐越再次将 e 龙公司的控股权外卖,他用 e 龙公司 30% 的股权换回了美国网上旅游服务公司 Expedia 的 6000 万美元。仅仅用了四年的时间,唐越就通过了几次高抛低购而获得了非常丰厚的回报。

这些成绩的取得,都是因为他那敢于冒险的精神和过人的胆略。如果面临这些机遇,没有这些冒险行为,就不可能有如此高的收益。

美国著名的盲聋作家、教育家海伦·凯勒有这样的座右铭:"人生要是不能大胆地冒险,便一无所获。"百度搜索的创始人李彦宏在回顾自己的创业历程时,说了这样一段话:"要想创业,就不要害怕失败,如果你害怕失败,那几乎就不可能成功,假如有 10 个创业公司,那其中就可能有 9 个都会因为害怕失败最终会倒闭。"李彦宏对冒险这一点有清醒的认识,如果最后没有成功,那就跟不做并没有太大的区别,因为如果不做的话,同样是不会成功的。

生活中,我们缺少的并不是走向成功的机会,而是冒险的勇气。很多人在面对机遇的时候因为不敢冒险,所以没有抓住机会。其实一个人的才华和能力就像那些成功的企业家一样,都是通过冒险和努力而锻炼并展示出来的。那些安于现状、不求上进、没有危机感、不愿进行竞争和拼搏的人,要想体验到胜利的喜悦那将是很难的。

冒险并不是鲁莽的代名词,而是一种智慧,是一种敢于突破自我的伟大精神。我们要培养自己的冒险精神,当然也一定要懂得适当冒险的意义,学会适当冒险,突破自我束缚,我们也能做到一鸣惊人,也能为

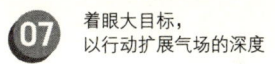

自己的气场镀金,让自己备受关注。

遇到问题找办法,不要抱怨

很多人在遇到一些不顺心的事情时,就会产生各种抱怨,抱怨这个抱怨那个。其实抱怨的做法并没有什么好处,因为它一方面不能解决我们所面临的问题,另一方面也会影响我们的个人魅力,削弱我们的气场。

想保持我们的个人魅力,那就要在遇到问题的时候不抱怨,要去想该如何解决问题。既然问题已经出现了,那我们就不要惊慌,不要胆怯,也不要逃避,而要学会去面对。"人生不如意之事十有八九",在遇到不如意的事时一味抱怨、怨天尤人的人,不知道去想办法解决问题,整天就可能生活在阴影之中;而有的人当遇到不顺时,既不烦躁也不抱怨,而是以冷静的头脑去对待问题,积极地去想该如何解决问题,他们所做的就是努力地改变现状。

著名电视主持人王小丫曾经有过这样一次经历:

在一次大型的律师辩论赛中,王小丫准备去采访一位著名的律师。当走到这位律师跟前,王小丫便很自然地坐了下去,可是让她没想到的是椅子没放好,结果她一下子就坐到了地上,这让全场哄堂大笑。

令她意外的是她所要采访的那位律师不但没有伸出手去扶她一把,而且在她的旁边哈哈大笑,并且笑得声音很响。这让王小丫非常尴尬。但是也没办法,既然是自己摔倒了那就要自己爬起来。

起来后她调侃着说:"我摔得太漂亮了,下次摔跤我一定要注意姿势。"接着,她若无其事地笑着,开始了自己的采访工作。

王小丫遇事冷静、泰然自若的表现的确很让人佩服。我们可以想象，如果王小丫摔倒了，她心里就一直抱怨：谁负责放椅子的也不知放好？这是谁的责任？当她看到律师没出手扶她，而且她又被大家看了笑话，倘若这时她开始抱怨，这次访谈节目的质量自然将无法保证。倘若是这样的话，王小丫的个人魅力就在公众面前大打折扣。

我们不是名人，但我们同样也有自己的人际圈，我们也需要得到他人的认可。所以，当我们在工作和生活中遇到那些不顺心的事情时，要先冷静下来，进行仔细的分析，想想为什么会出现这种情况？接下来该怎样去解决才能恰到好处？而不要一遇到不顺心的事就开始不停地抱怨，时间长了就会养成不良的习惯。

冷静在处事的过程中是必需的。冷静出成果，我们要把冷静时刻放在自己的心上，应该学会带着问题去解决问题，把所要解决的问题处理彻底，而不能拿着问题带出问题来。

如果我们遇到不顺的事情就抱怨，这就会让别人觉得我们缺乏解决问题的能力，于是就影响到了我们的个人魅力，削弱我们的气场。总之，遇到事情要先让自己冷静下来，想清楚事情的来龙去脉和处理措施，然后去解决问题，这样才是正确的方法，才能利用一切可以利用的资源，为自己的魅力开路，建立让人敬佩的气场。

发挥创造力，加速气场的积累

当今社会，创新是一个人应该具备的素质，同时它也是提升一个人气场的秘诀。那些懂得创新并且善于将自己的创新应用于实践的人，往往都对事物有自己独到的看法和令人刮目相看的创造力，从而让他的气场散发出与众不同的个人魅力。

创新精神提倡要大胆、要不怕犯错误；提倡不迷信书本和权威，而是在前人成就的基础上进行提升；提倡在事实和思考的基础上大胆质疑。

做一个具有创新精神的人，培养自己的创造力，从而创造出让人惊艳的成绩，这才可能让我们成为下一个备受瞩目的人。那么，应该如何培养创造力呢？

要勤于钻研

创造力需要灵感，而灵感的出现需要以深厚的知识功底为基础，当人们运用自己积累的这些知识时，人的智力因素也会表现出来，从而就可以解决更为广泛的问题。比如，当一块大石头挡住了我们的去路时，有的人马上就会想到用撬棍把大石头搬走。而在另一种场合，如汽车陷入到泥土里，我们同样也能想到撬棍，甚至也可能由此而发明新式起重机。

所以，富有创造力的灵感只会光顾那些勤于钻研的人，这就像机会只会光顾有准备的人是一个道理。勤于钻研的人必定会展现出自己的磁场，从而吸引很多人关注的目光。

> 伟大的物理学家牛顿在少年时期就怀有很强的好奇心，那个时候，他常常看夜空中的星星和月亮。经过观察，他就产生了一些问题：星星和月亮为什么会挂在天上而掉不下来？它们都在天空运转着，那为什么不相撞呢？这些疑问让他充满了好奇心。后来，经过不断的专心研究，他终于发现了著名的万有引力定律。

牛顿看到了现象而提出问题，这说明了他对问题进行了思考。倘若只是提出了问题而自己却不去钻研，那最终就只能空手而归。

要有创新的欲望

创新要有很强烈的欲望，否则创新活动便不能进行。

电话的发明者贝尔在少年时代,他的智力表现非常普通,而且还很贪玩,可是后来他受到了祖父的熏陶,对知识产生了强烈的欲望,而且对发明创造也产生了浓厚的兴趣,在他少年时代就设计出了一种比较轻快的水磨。

这说明,创新的欲望和对创新的不懈追求是创新成功的重要条件。这就像爱因斯坦所说的那样:"我没有特别的天赋,只有强烈的好奇心。"

要有顽强的意志

要想在任何一个领域中做出成绩,都必须有良好的意志品质和拼搏精神。否则,自己的想法只能成为海市蜃楼。歌德说过:"没有勇气一切都完了。"良好的意志品质能让人们具有坚持到底的顽强毅力,同时能让人们辨明方向、看清利弊之后当机立断,排除各种干扰,面对挫折不回头,面对成绩不忘乎所以。

要标新立异

创新本身就是对事物原有框架的突破与发展,对大多数人来说,由于会受到传统思想观念的束缚,所以很容易产生一种思想惰性,而一旦他人产生了超乎常规的想法和做法时,就可能会多加指责。要想做出成绩,关键就是要能打破定式、要有标新立异的思想。

有两个不同鞋厂的推销人员去一个岛屿上进行市场考察。一个推销员到了岛上之后,发现岛上的每个人都赤脚,这一下子挫败了他的信心,因为没有穿鞋的,还怎么去推销鞋呢?于是他马上给公司发电报回去,说不要向这里运货了,因为这个岛上根本就没有销路,人人都不穿鞋。

另外一个厂家的推销员看到这里的人都赤脚之后,简直太高兴了,在他看来,正因为没穿鞋的,所以,就有很大的销售市场。就单单以每个人穿一双鞋来计算的话,那都要售出一大

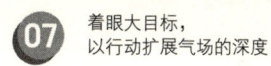

批鞋呢！于是，他马上给公司发电报，说空运一大批鞋过来。

可见对于同样一个问题，我们看待的角度不同，就能得出不同的结论，而创新，需要的是第二位推销员这样的思路。

创新是一个国家和民族进步的灵魂，也是开创事业的必备法宝。在人生路上，善于创新，就能在激烈的竞争中处于优势，就能为自己的气场积累能量，从而不断推动自己人生之船驶向远方。

厚气场要以身作则，成为周围人的榜样

榜样就是我们需要学习的模范人物，他们都在各自的岗位上做出了突出的贡献，成为大家学习的楷模。社会上有各种各样值得我们学习的榜样，成为榜样的人，是因为他们的积极气场吸引和感染了周围的人，人们希望通过向他们学习也能使自己的气场得到提高。

我们身边的榜样很多，比如，老师是学生的榜样，家长是孩子的榜样，优秀的企业是其他企业的榜样，只有当自己的影响力达到了一定的程度时才能成为榜样，榜样是标杆和楷模，是人们精神的皈依和行动的指南。

榜样对我们来说是一种积极向上的力量，是一面镜子。他们因为以身作则的高尚品质而被人敬佩、关注和学习，这是他们的气场力所发挥的作用。他们的气场能带给人们一种植根于人性的精神力量，让人们得到可亲、可敬、可信、可学的人生道德，得到抗拒平庸、立志进取的力量，在他们的气场吸引和感染他人的同时，也让他们自身产生了一种独特的人格魅力。

倘若我们见到了自己的偶像或榜样，我们的崇拜和敬佩之情一定溢于言表，一定会感觉自己眼前的榜样是那样高大，那样有魅力。倘若我们也想成为别人敬佩和崇拜的对象，那么，在除了需要给自己寻找一个

榜样来提醒自己，让自己变得更优秀之外，还不能忘记要以身作则，专心做好自己的事，从实际行动中让自己变得优秀，成为值得身边人学习的榜样。

倘若我们对自己的工作保持全身心的投入的话，即便是能力一般的人，也可以取得好成绩，也能成为身边人的榜样。

富兰克林说："来到这个世界上，做任何事情都要全力以赴。"如果我们这样做了，那么即使是最卑微的职业，我们也能从中得到快乐和满足的体验。就拿补鞋的工作来说，有的人把它当做艺术，于是他们全身心地投入，无论是打一个补丁还是换一个鞋底，他们都追求一针一线地精心缝补。而另外一些人却是截然相反的态度，即便是打一个补丁，他们也根本不注意外观，就像是例行公事一样，对自己的工作没有热情，也不会去关心工作的质量。

前一种人对自己的工作很热爱，他们不是总想着一天可以补多少双鞋，而是希望自己所补好的每一双鞋都能让顾客感到满意，让自己的技术水平更加精湛，让自己成为当地最好的补鞋匠。他们这种勤奋实干、对工作认真的态度是值得我们学习的，也只有这样才能把事情做得更好，才可能让自己的气场发挥出积极的作用，让自己成为别人心中的榜样。

QI CHANG XIU
LIAN ZHI
ZHONG JI SHI ZHAN

善用气场，
为自己创造更广阔的职业发展空间

运用气场，它是职场升职的密码

身在职场，只有我们拥有积极的气场，才会让自己充满激情；只有当我们充满激情地进行工作时，才会在最短的时间内将自己的职场竞争力提高到新的水平，同时也能在推动企业发展的同时，不断体现我们的人生价值。

当初李开复在苹果公司工作的时候，公司有一次要进行裁员。李开复是这次裁员的具体执行人，要求必须从两位业绩不佳的员工中裁掉一位。

其中的一位是李开复在卡耐基·梅隆大学时的师兄。这位师兄当年在学校的时候，表现特别优秀，可是在苹果公司并没有多么努力，也没有显著的成绩可言。当他得知自己面临被裁员的危险时，便跑来恳求李开复网开一面，而且还一度请求导师瑞迪教授来说情。

而另一位则是一名刚进入公司才两个月的新员工，虽然他目前还没什么业绩，但是有很大的潜力，对于工作充满了激情。通过一段时间的培养，表现肯定会不错的。

最终，经过了深思熟虑，李开复决定裁掉自己的师兄。因为他认为，从经验和激情这两个方面来看，激情对公司的长远发展更有利。

李开复的观点很正确，如果对工作没有激情，做事就可能会应付差事，做一天和尚撞一天钟，这对公司而言没有好处，其实对自己来说也没有好处，大好时光被白白浪费了。

而有的人觉得，只要自己多做事，勤快一点就能获得上司的青睐，所以，他们便总是把"多做事"当成自己工作的准则。事实上，很多时候老板看重的并不是你做了多少事，也不是做事情花了多长时间。他们主要看的是你有没有将他最关心的、他认为最重要的事情做好！倘若你花了大量的时间和精力去做事，可是这些事并不是上司所关心的，那对你来说就相当于减少了一次机会，无法让平日的工作获得最佳效益。同时，这种做法会为你和上司带来更多压力，也会让上司对你的能力产生怀疑。

所以，我们时刻都要搞清楚这些问题：什么事情是最重要的？达到这种程度是否已经足够好了？这个项目还需要投入更多的时间和精力吗？

倘若上司对你的工作没有感到满意，很重要的一部分原因与你没有将重要工作做好有关。所以，你应该首先搞清楚重要工作是什么，然后再全身心地投入。

总而言之，身在职场，一个人的魅力不是仅仅从一个方面就能体现出来的，而是多方面综合体现出来的，其气场氛围不单单是激情，工作也要做得出色，这才是我们升值的密码。

融入优秀团队，接受良性辐射

为什么说要融入优秀的团队？因为优秀的团队能给每个成员提供一

个良好的氛围,能让每个人都展示出高涨的士气,能激发成员对于工作的主动性,让每个成员都形成强烈的集体意识和团结友爱的精神,在促进团队整体前进的同时也能促使成员个人不断前进。

优秀团队往往有着深厚的文化底蕴,可以散发出一种强大而独特的气场。优秀的团队文化往往是这个团队可以战胜对手的前提,这也是一支团队可以屡屡取胜的主要内因。

要想让自己的个人气场得到提升,我们就应该学会融入优秀团队,感受那种积极的氛围和文化底蕴,学会依靠团队的力量来提升自己。具体而言,可以按照以下这些方法去做:

与团队中比自己优秀的人多交流

有句话是这样说的:"你是谁并不重要,重要的是你和谁在一起。""孟母三迁"的故事就足以说明和谁在一起很重要,这甚至能改变你的成长轨迹,决定你的人生成败。

阿瑟·华卡是一名美国的银行家,他小时候的一次经历促成了他未来事业的成功。

有一次,华卡看到了一篇关于大实业家威廉·亚斯达的故事,他对亚斯达非常崇敬,也非常希望能见到他,而且希望自己能成为他那样的人。

终于有一天,华卡有机会见到了亚斯达。当他问亚斯达有什么赚钱的秘诀时,亚斯达说:"只要你能多结交比自己更优秀的人,就会有成功的那一天。"这句话给华卡留下了深刻的印象,从此以后,他一直把这句话作为自己的座右铭去实践。经过了将近5年的时间,华卡的梦想终于如愿以偿地实现了,他成了一个有名的银行家。

后来,一些年轻人向华卡请教成功的经验,华卡说:"我希望你能经常向比你优秀的人学习,这对做学问或做人是非常有

08 善用气场，为自己创造更广阔的职业发展空间

益的。"

的确，华卡的做法非常值得我们借鉴。和优秀的人在一起，融入优秀的团队，就是为了让我们感受强气场的影响和熏陶，从而更好地提升自我。

抓住机会，更上一层楼

其实很多时候，我们并未在意，成功的大门已经向我们打开了，这也许只是瞬间的事情，所以许多人都会在无意之中错过。而总有人能敏锐地捕捉到这样的机会，于是成为了让人羡慕的成功者。

汪大海大学毕业后来到了一家公司做文员，有一次公司举办了一场联欢会，结果正是这次联欢会让他脱颖而出。

联欢会过程中，总经理邀请员工和他一起唱歌，可是底下的人都因胆怯而不敢上台，而汪大海却大胆地上了台。其实汪大海的歌声并没有任何突出的地方，在有的同事眼里，这就相当于自取其辱。汪大海上台后虽然很努力地在唱，可有的地方明显跑调了，甚至连歌词都记得不清楚。但是他从头到尾都很投入，很放松。

联欢会过后没几天，汪大海就被总经理调到了身边做助理。这次调动让其他的员工都很疑惑，难道仅仅就凭那首歌，他就能升职？再说了，他也唱得不好。

汪大海当时是这么想的：

- 在当时的情况下，台下的员工因为顾虑太多，所以就不敢登台，这样就可能造成冷场，这时自己挺身而出，就相当于是帮经理解围。
- 明知自己唱歌很一般，但这次登上舞台对自己而言主要是表现出自信和大方。

- 通过上台唱歌，可以表现自己，同时也能加深经理对自己的印象。

又过了一段时间，汪大海就被提拔为部门经理，这是因为在担任经理助理的时候，他需要整天都面对各个部门的经理，每天都会听到一些关于如何管理公司、如何规划好公司未来的发展等问题。而这些都是其他文员所接触不到的。

汪大海抓住了机会，所以他由普通文员提升为总经理助理，在这期间，他抓住了每次接触各个部门经理的机会，学习他们的管理和经营理念，最终成就了自己。

每个团队都会有它的气场，而优秀团队的气场对我们每个成员来说，都具有巨大的促进意义，它可以帮助我们提升自己。

找对方法，更好地运用气场

有一个钓鱼爱好者，每到冬天，他就会很沮丧，因为所有的湖都要结冰几个月，他不能再尽情地钓鱼了。

有一天，他的一个朋友告诉他可以冰上钓鱼。

"太棒了！"钓鱼爱好者说，"明天一大早我就去。"

第二天，天刚刚亮，钓鱼爱好者就拿着他所有的器具，来到一块平滑的冰上。他用斧头在冰上凿开一个洞，给鱼钩上饵，把线抛下去，然后很耐心地等待。

他在那里钓了两个小时，没有一条鱼上钩。

突然，背后传来的一个响亮、低沉的声音，打破了宁静。

"这里没有鱼！"

十分专注的他，像没有听见一样，毫不理会那个声音，依

08 善用气场，为自己创造更广阔的职业发展空间

然在那里继续钓鱼。

大概一个小时后，他又听到了那个声音。

"这里没有鱼！"

他已经很长时间没有钓过鱼了，而且好不容易找到了可以钓鱼的地方，他怎么能轻易放弃呢！

他继续盯着渔线，耐心地等待鱼儿上钩。

又一个小时过去了。

"这里没有鱼！"

这次，他不能再不理睬这个响亮的声音了。

他抬起头，很谦卑地问："您是上帝吗？"

"不是！我是溜冰场的清洁工。"

这不只是一个笑话。生活中，我们有时候也像那个钓鱼爱好者一样，做事不懂思考，没有方法，只是一味凭着热情努力去干。

还在上学的时候，许多人把"书山有路勤为径，学海无涯苦作舟"作为座右铭，悬梁刺股，勤学苦读。但勤奋和刻苦并非是取得学业成功的唯一因素。我们常常可以看到这样的现象，有的人学习非常勤奋，他们除了白天学习外，晚上还要熬到深夜，甚至课间的十分钟也要用于学习，但成绩平平；同时，你还会发现，另外一些同学学习很轻松，还经常参加文体活动和其他社会活动，在学习上比一天到晚用功学习的勤奋学生投入的时间少，学习成绩却很好。这两类学生在学习上一个事倍功半，一个事半功倍，这样的反差是什么原因造成的呢？或许有智力上的因素，但是学习方法的不同同样严重影响了学习的效果。

工作之后，这样的情况更加突出：有的人工作很认真，每天都忙个不停，但是效率很低，还常常加班加点来完成工作，工作绩效平平；有的人平时很少加班，能用较少的时间来完成工作，绩效相当好。对于前者，或许最初上司会因为你的刻苦努力而欣赏你，但是长期下来，由于工作

获得的结果始终不佳,你的努力几乎都是白费。所以,方法比勤奋更重要。

我们不难发现,成功的人往往就是那些主动寻找方法,依靠方法顺利解决问题的人。同样的问题摆在众人的面前,主动寻找方法、积极解决问题,这就是成功人士与失败者之间的区别。

当然,我们不能否认努力、毅力等品质对于解决问题和成功的重要性,但是在许多时候,一个好的方法能让你事半功倍,在付出同等努力的情况下获得突出的成绩。

爱因斯坦曾经提出过一个公式:$W = X+Y+Z$。这里,W 代表成功,X 代表勤奋,Z 代表珍惜时间,Y 代表方法。从这个公式我们可以知道,正确的方法是成功的三要素之一,如果只有刻苦努力的精神和脚踏实地的作风,而没有正确的方法,是不能取得成功的。成功需要的不仅仅是勤奋,也不单纯与花费的时间、精力成正比,同样需要方法。只有正确的方法才能提高解决问题的效率,才能保证成功!

方法是一种智慧和价值的体现,它帮助我们更高效地解决问题,帮助我们获得成功。许多时候,仅仅一个问题、一个方法,就决定了我们的成败与得失。

找对平台,留在与自己气场和谐的地方

古语云,良禽择木而栖。这句话对于我们现代人同样适用。只有当我们找准了自己的平台,留在适合我们气场的地方,才会让自己体会到工作中的愉悦感,也才能给自己创造出更广阔的发展空间,从而实现自己的人生价值。

究竟一个什么样的工作和地方能适合我们的气场呢?这是因人而异的。

生活中,有的人豪爽外向、善于交际,而有的人则性格沉稳、内心

08 善用气场，为自己创造更广阔的职业发展空间

沉静，有的人锐意进取，有的人则被动防御，有的人八面玲珑、深谙人情世故，而有的人老实木讷、不善交往……不同的人会有不同的气场，而且适合的职业也会有一定的差异。只有我们在适合自己发展的地方，从事与自己气场相匹配的事情，这才能让自己的潜能得到最大限度地发挥。

也许你会说，上面所说的这些对于一些刚走出大学校门的年轻人来说并不现实。大学生刚毕业，能找到一份比较好的工作，可以很好地生存下去就已经很不错了，谁还有心思去挑选它是不是和自己的气场相匹配呢。

其实，在刚开始我们没有太多选择的机会这也很正常，只是我们自己一定要时刻提醒自己，职业阶段不同，对自己的需求和定位也要作出适当的调整。倘若我们遇到了合适的时机，就应该尽量到适合自己气场的地方去，寻找到更大的职业平台，让自己更强大。

潘石屹是当今地产界最活跃、最具有鲜明个性的房地产领袖之一，他事业的发展正好说明了上述道理。

潘石屹于1981年以优异的成绩考上了石油学院。大学毕业后，他被分配到了位于河北廊坊的石油部管道局经济改革研究室工作。

有一次，潘石屹所在的办公室来了一位新同事，是个刚毕业的女大学生，她对分配给自己的桌椅很不满意。当潘石屹劝她说没关系的，能用就行时，对方非常认真地说："你知道吗？这套桌椅也许会陪我一辈子的。"

这位同事说得也有道理，潘石屹那时所从事的工作，对于一个喜欢安稳的人来说的确是一个不错的选择，这里很适合他们发展。可是潘石屹志向远大、野心勃勃，这样的工作很明显和他的气场不相符，他需要的是更为广阔的发展空间。

潘石屹开始做激烈的思想斗争：难道我的这套桌椅也将陪我度过下半辈子？经过考虑后，他决定辞职离开这里，南下广东。后来，他又去了海南，在那里和朋友合伙开了公司，于是，他的经商生涯就正式开始了。一番辛勤努力之后，潘石屹迅速完成了原始资本的积累。

1993年，潘石屹回到了北京，并注册了北京万通实业股份有限公司。这拉开了他在北京房地产界打拼的序幕，经过努力，他终于成了全国地产界赫赫有名的大人物。

潘石屹找到了真正适合自己的平台，所以得到了更好的发展。试想，倘若当初他没有辞职南下的话，就可能没有现在地产界的大亨潘石屹。

所以，只有那些与自己气场和谐的地方才更适合我们的发展。倘若你事业心比较强、希望自己能飞得更高、走得更远，那么就不要追求太安逸、平稳的工作环境，因为这与你的气场不相投。倘若你希望自己能安稳生存、不喜欢"折腾"，那就不太适合在竞争激烈的公司工作。要对自己有个清楚的了解，这有助于留在与自己气场相和谐的地方，让自己的才能得到更好的发展，气场得到更好的发挥。

汇聚气场，认真对待每一个细节

在这个世界上，每一项工作都值得我们认真去做，不论是大事还是小事，我们完成它的过程就是运用和提升自己气场的过程。我们的气场是大是小，就看你对待事情的态度是怎样的。对自己的工作如果能做到全力以赴、尽职尽责，那就算做的是小事情，别人也能从你身上感受到大气场，这也会让你给自己创造出更大的发展空间。

如果只是想着干大事，把那些平凡的小事情不放在眼里，那么即便

08 善用气场，为自己创造更广阔的职业发展空间

你非常有才干，有气场，别人也是感受不到的。这是因为气场都是在人们的实践中发挥的，是从人们对待每一件事情的态度和他的所作所为中体现出来的。

一幢雄伟的高楼大厦是经过一砖一瓦逐步建起来的，那些伟大的事业都是由平凡的工作汇聚起来的。同样的道理，气场也是由你的一举一动，从你做事的态度中发挥出来的。所以，我们要让自己在职场中表现得更优秀，更有前途，那就应该学会去重视每一项工作，注重自己的实际行动。

虽然有很多人都渴望证实自己的优秀，但只是让计划停留在梦想阶段，而不是从简单的工作做起，所以就失去了很多展示自己价值和走向成功的契机。

一位年轻的姑娘进了一家修道院，来到这里后，她一直从事织挂毯的工作，一段时间以后，她已经失去了耐心，再也不想做这种异常无聊的工作了。

她在一位老前辈面前感叹道："给我的指示真是有点摸不着头脑，因为我一直在用鲜黄色的丝线进行编织，可是中途却突然要我打结、把线剪断，这种事根本就没有意义，简直就是在浪费我的生命。"

"孩子，你错了。你的生命并没有浪费，虽然你所完成的这份工作在你看来微不足道，可它却是非常重要的一部分。"那位老前辈对她说，"其实有时候，你可能很难看到整体工作的美，可是一旦缺少了那部分，整体的工作就立刻变得不完整了，离开了那部分，整体就不存在了。"

说完，那位老前辈便带着她来到了摊开的挂毯面前，结果，年轻的修女看见眼前的景象后呆住了。

原来，她正在编织的是一幅非常美丽的《三王来朝》图，她用黄线编织的那一部分正是圣婴头上的光环。她事先根本就

没想到，这些看似没有意义的工作原来是如此神圣。

这个故事告诉我们，其实没有一项工作是无意义的，同时也没有任何一个人的气场是一无是处的。究竟能不能将事情做好，能不能将自己的气场运用好，让它发挥出积极的作用，那就看你对事情的态度了。

优秀的人总能想办法完成任务，他们总是抱着不达到目的誓不罢休的态度。可是那些只擅长于纸上谈兵，而不敢面对残酷现实的人，总是在逆境中畏畏缩缩，谨小慎微而游移不定。很明显，这种类型的人，是很难有所发展的，因为他们缺乏实现卓越的气场！

认真对待生活、工作中的每一件事，将那些不起眼的、简单的日常工作做精细、做专业，而且能持久地坚持下去，这才能为自己走向卓越打好通道。

保持最佳精神状态，最大限度发挥气场能量

人们都愿意和一个有气场、整天精神抖擞的人打交道。只有那些充满激情，浑身上下都散发着强大气场的人才会受到大家的关注和器重。

一位资深人力资源经理说："招聘一位员工，他首先要有工作的激情，要对公司、对技术、对工作都充满激情。即使他可能对这个行业还没有多么深的了解，还比较年轻，只要他有激情，那么和他谈完之后，你就会受到他的感染，就会愿意给他提供一个机会。"

许多人在刚刚进入职场的时候，觉得自己缺乏工作经验，所以为了弥补不足，常常会早来晚走，充满了斗志，即使忙得连吃饭的时间都没有，他依然会很开心。因为工作具有挑战性，自己的感受也是全新的。像这样激情四射的工作状态，会让周围的人感受到你的强大气场，他们会被你感染，领导也看在心里，他觉得你这个人是值得培养的人才，可能你

08 善用气场，为自己创造更广阔的职业发展空间

并没有察觉到这些，但事实的确是这样的。

而随着时间推移，你对工作也渐渐熟悉了，于是刚开始的那种新鲜感就消失了，工作的激情也往往随之溜走。于是，一切又变得平淡起来，曾经充满创意的想法消失了，对待自己的工作也只是应付完了即可。这个时候，你可能既厌倦又无奈，不清楚自己的方向在哪里，也不清楚怎么做才能重新找回当初那种激情。这时，领导对你的看法也会有所转变，由当初前途无量的员工变成一个比较称职的员工。

当今社会竞争无处不在，在激烈的竞争中，保持我们的激情，才能最大限度地发挥我们的气场，从而更好地迎接每一次挑战。

如果我们在每天早晨都能保持最佳的精神状态走进办公室，面带微笑地问候一声同事，然后斗志昂扬地投入到工作中，工作神情专注，走路时昂首挺胸，和人交谈时面带微笑……那么，从你身上所散发出来的气场就能给周围人带来积极的影响，而被影响的结果最后又会反过来影响你、激励你。

保持良好的工作状态，这是我们的责任心和上进心的一种表现，也是领导期望看到的。当今，很多人都承受着一些有形或者无形的压力，所以，即使我们的生活和工作并不那么如意，也不要表现出愁眉不展的样子，要掌控好自己的情绪，用积极的眼光去看待问题，让一切变得积极起来，让自己的气场也积极起来。要对自己的未来始终都充满希望，相信明天会更好！如果我们保持积极乐观的精神状态，那么一切事情都是鲜亮的；如果我们保持悲观的精神状态，那么一切事情都是灰色的，甚至美好的事情也是如此。保持住对工作的新鲜感，就能让我们对工作充满激情。

可是要想做到这点并不容易。需要不断地训练：

要改变自己对工作的认识

不要总觉得工作只是一种谋生手段，要把自己的事业、成功和自己现在的工作联系起来。

结合实际不断给自己树立新目标

不断培养新鲜感,对自己的工作进行全面的审视,看看还有没有哪些需要改进的地方,再把自己的想法运用到工作中。

要认同企业文化,增强自己的归属感

要对自己的企业和工作感到骄傲,当我们成功地解决了一个又一个问题后,成就感就会自然而然地产生,这也会让我们受到鼓舞,让我们感到生活的美好。

人人都应该热爱自己的工作并充满激情。不要把自己追求美好事物的激情抹杀掉,每天都以饱满的精神状态去迎接工作,以最佳的精神状态在工作岗位上展现自己的才能,这就能让自己的潜能得到充分的发掘。这样,我们的内心也会产生积极的变化,对自己变得越来越有信心,让自己的气场越来越强,我们存在的价值也会得到别人的认同。

热爱你的工作,让人慢慢感受你的气场能量

在工作上,如果一个人没有很强的能力,可是他拥有很敬业的精神,那么他也会得到人们的尊重。如果一个人的能力很强,但缺乏基本的职业道德,那一定会遭到大家的否定。热爱自己的工作,会给别人留下一个好印象,特别是因为热爱工作而表现出来的进取精神,这会让别人看好你的发展前景,也会让别人被你积极的气场所吸引。

这样一来,愿意和你进行往来的人就会渐渐增多,而他们都可能给你带来强有力的帮助,于是,你走向成功就变得比较容易了。

亚洲首富李嘉诚在事业上取得了很大的成就,而他的敬业精神为这些成就的取得起到了不可磨灭的作用。

14岁时,家境贫寒的他不得不辍学,过早地走上了社会,

08 善用气场，为自己创造更广阔的职业发展空间

肩负起生活重担。

刚开始，李嘉诚去当地的一家茶楼当跑堂伙计，必须在每天凌晨5点左右就要赶到茶楼，开始为客人们准备好茶水茶点。这样一来，每天的工作时间长达15小时以上，而且跑堂伙计地位很卑下，当其他人休息时，他还必须待在茶楼等候。

虽然这么苦，这么累，可是他对工作还是不敢有丝毫的懈怠。当时，他的舅舅为了让他掌握好上班的时间，送给他一只小闹钟。于是，他每天都把那只闹钟调快10分钟，所以总是能第一个赶到茶楼。直到后来，他一直保持着这样的习惯。

那个时候找工作非常艰辛，所以李嘉诚特别珍惜这份工作，他真诚敬业、勤勉有加，很快就得到了老板的赏识，而且也成了加薪最快的堂倌。

在茶楼连续工作了两年，李嘉诚见识到了许多人、许多事，也学到了许多书本上学不到的东西，这对李嘉诚造成了很大的刺激，他萌发了一定要出人头地的欲望。

两年后，李嘉诚毅然离开了那家茶楼，去了一家塑胶厂开始做起了推销员。在推销产品的时候，他善动脑筋，会根据不同的对象灵活地采用不同的推销手段。

因为他一直保持着热爱工作、刻苦钻研、任劳任怨的心态，而且取得了很不错的成绩，所以，在他20岁的时候就被提升为业务经理。在后来的创业过程中，李嘉诚依然保持着当初那种兢兢业业的工作态度，最终让自己的事业达到了巅峰，成了亚洲首富。

可以说，从年轻时候被任命为经理到后来到达事业的巅峰，让李嘉诚在激烈的竞争中站稳脚跟的就是他热爱工作的态度。因为热爱工作，这才让他的人生渐渐发光直至最后大红大紫。

热爱工作是一种态度，它也是形成强大气场的重要途径。对工作的热情虽然可能不会让我们在最短的时间内提升自己的竞争力，可是它能让我们渐渐感受到自己所拥有的积极气场，这最终会让我们在工作中出类拔萃，获得老板的认可，得到更好的提升。

曾经有人问英国著名的哲学家杜曼先生说，你认为什么是成功的第一要素？他回答说："喜爱你的工作。如果你热爱自己所从事的工作，哪怕工作时间再长、工作再累，你都不觉得是在工作，相反像是在做游戏。"不错，对待什么样的工作，都要拿出自己的热情，要让自己乐在其中，如果这样做，即便是那些最平凡的工作我们也能体会到成就感。

没有哪个老板不欣赏那些热爱工作的员工，踏踏实实地做好自己现在的工作，这才能让自己的强气场感染老板，从而得到老板的赏识和重用，为自己赢得未来。

对工作负责，让自己散发出人格气场

有个叫李华的年轻人去一家公司应聘，接待他的人是这家公司的老总。经过交谈，老总觉得李华的个人能力有限，并不适合他们公司的工作，所以，他便很客气地和李华道别。可是，当李华从椅子上站起来的时候，他的一个手指不小心被椅子上凸出来的钉子给划了一下。于是，李华便打算把那颗钉子砸进去。刚好，他看见了老板桌子上有一个镇纸，于是便拿了过来把凸出来的钉子砸进去之后才和老板道别。就是他的这个举动，让老板突然改变了自己的主意，他决定录用李华。

事后，这位老板说："他的责任心我很欣赏，我觉得公司有了这样的员工我会很放心。"

08 善用气场，为自己创造更广阔的职业发展空间

可能生活中有不少人都和李华一样，他们的能力并不突出，气场也不算很强大，但是都可以像李华一样，发挥负责任这个"长处"，以责任心来弥补自己在能力和气场方面的不足。

无论我们在什么公司，只要对自己的工作做到认真负责，我们就能受到尊重，就能获得更多的自尊心和自信心。即使我们目前的工资很低，即使我们还没有得到老板的器重，只要我们忠于职守、毫不吝惜地投入自己的精力和热情，我们就能将自己的气场发挥出来，赢得同事的尊重和老板的器重，我们的工作当然也就会越做越好。

勤奋、敬业的人总会在自己的工作中受益匪浅：从精神方面来讲，可以获得快乐和自信；从物质方面来讲，可以获得比较丰厚的报酬。而那些对工作不负责任的人则很缺乏自信，他们往往也难以体会到快乐的真谛。其实，当我们把工作推给他人时，也就将自己的快乐和信心转移给了他人。

生活总能让每个人都得到回报，无论是荣誉还是财富。但这是有条件的——我们必须转变自己的思想和认识，培养起自己尽职尽责的工作精神，这才会产生改变一切的气场能量。

钱江涛是一家保险公司的业务代表。由于生活中有很多人都对保险业务员敬而远之，所以，他的工作开展起来有不少困难。

钱江涛的好几个同事，整天都对自己的工作不断地抱怨："如果我找到了比这好的工作，那我肯定不会在这里待下去。""好多投保人态度都太不好了，好像我们欺骗他们似的。"只有在上司的不断催促下，或者严厉的政策下，他们才可能会有一点点进步，否则就是原地踏步或者一直在退步。所以，他们都只能拿到最基本的薪水。

只有钱江涛和他们不一样。虽然钱江涛对目前的状况也不

满意，但是他并没有就此放弃，因为他知道，如果放弃工作，其实就等于放弃自己。他觉得，在这个世界上，没人能强迫一个人去放弃自己，除非是他本人主动为之。而且他还相信，努力并没有错，自己的努力会让平凡单调的生活充满乐趣。

在这些观点的促使下，钱江涛便主动去寻找客户。为了做好客户的工作，他下了不少工夫——将公司的各项业务情况熟记于心，并了解同类公司的业务情况，让客户了解他们公司和其他同类公司的不同，请客户根据自己的意愿去选择。

虽然有一些人是希望能多了解一些保险方面的常识，可是因为对保险业务员持有偏见，所以对保险方面的知识很欠缺。钱江涛在了解了这些情况之后，便主动在社区里办起了"保险小常识"讲座，进行免费讲解。

时间长了，人们对保险的了解多了，同时他们对钱江涛也有了好印象。当钱江涛再次向这些人群推销保险业务的时候，大家当初的那种反感都消失了，也乐于接受他的推销了。于是，钱江涛的工作业绩突飞猛进，薪水也有了很大的提高，一年之后，便由一名普通的保险业务员升为部门经理。

当我们去尝试着对自己的工作负责时，我们就会发现，原来自己身上还有很多的潜能以前根本都没发挥出来。而且当自己切实负起责任的时候，我们会发现，自己比往常出色很多，同时我们也能在平凡单调的工作中发现很多乐趣，最关键的是我们的自信心也会因此而得到提升，并带动我们人格气扬的提升。

QI CHANG XIU
LIAN ZHI
ZHONG JI SHI ZHAN

找到人脉气场的钥匙，构建你的人脉圈

气场积极，就会带来优质人脉

如果我们拥有积极的气场，就能让自己的人脉得到扩大，这是因为当我们和他人进行交往的时候，彼此的气场会产生相互影响，积极的气场可以吸引别人的关注。

而气场消极的人，总是不愿意和别人进行沟通，所以他们就不会建立起良好的人脉关系。这样的消极气场有两个方面的体现：一方面是自己说话不得体，也就是不知道究竟该说什么好；另一个是自己的谈话能力差，这主要是指应变能力，比如当其他人说出一件事情的时候，有的人就可能不知道该如何进行应对。

一个人表达能力好，是指他对自己所要表达的意思不但能够表达清楚，而且还能根据不同的对象来掌握自己说话的语气分寸，这种人的气场是积极的，也能让他人感受到积极的态度，这就像一个激情澎湃的演说家在台上演说时，我们经常会觉得心潮澎湃。

气场积极的人，他和别人谈话的时候，能让别人感受到他的自信和快乐，因为积极的气场能量可以把我们的积极情绪带给别人，相反，一个拥有消极气场的人，则会把自己的消极情绪带给别人。在交际过程中，

09 找到人脉气场的钥匙，构建你的人脉圈

有的人我们很愿意和他交谈，而有的人我们则不愿意和他交谈。我们愿意和他交谈，是因为他身上的气场能量比较积极，能给我们造成积极的影响；不愿意和他交谈，是因为他的气场能量比较消极，会给我们造成消极的影响。

我们要在交往中把自己打造成别人眼中值得交往的人。如果你欣赏一个人，并能和他保持深厚而亲密的感情，是因为对方也欣赏你。因为你的积极气场也影响到了他，所以他会欣赏你；如果你的气场不存在了，失去了吸引力，那么对方也就很难再去欣赏你了。

在人际交往中，我们应该明白的不是"我能从对方那里得到什么"，而是"我能给对方提供什么"。有的人不懂得去充实提高自己，而总是把希望寄托在对方身上，希望对方能帮助自己。这种想法很显然是不合理的，它会成为人际交往的绊脚石。那些知识储藏丰富，而且在交流中能够做到收放自如的人，大家自然会将目光聚集在他身上，因为他的气场具有足够的吸引力。

索尼公司的总裁盛田昭夫请大贺典雄来索尼测试录音机，而当时的大贺典雄只不过是一个在东京刚刚出道的乐坛新手而已。大贺典雄之所以赢得盛田昭夫的赏识，是因为他坚持认为录音机可以制作得比现在更加精良，而且他也是持此观点的唯一的人。

他这样的观点在当时看来，的确独树一帜，这深深吸引了盛田昭夫。他那与众不同的气场让盛田昭夫对他刮目相看。

于是，盛田昭夫便亲自向索尼公司工作人员交代，要代这位男生交学费。在1955年的时候，大贺典雄正式加盟索尼公司，开始担任录音机部门的主管，不久后，他便着手发展CBS-索尼唱片。

后来，大贺典雄通过自己良好的表现，给索尼公司作出了

不少贡献,他的表现也越来越让总裁盛田昭夫满意,最终,经过了多年磨炼,他成了索尼公司除总裁盛田昭夫之外的二号人物。

正是因为大贺典雄那与众不同的气场,让他获得了盛田昭夫的青睐,最终达到了自己的事业巅峰。正是身上积极上进的气场,感染了盛田昭夫,所以这就为他建立了生命中最重要的优质人脉。

成就大事的人往往不会放过人脉这种伟大的力量,他们总是通过积极的气场来吸引别人,结交别人,从而借助他们的力量帮助自己成就事业。

把握帮人的机会,以增加你的人脉气场

倘若我们在平日里乐于助人,处处为别人着想,你就会发现自己的善意是会得到回报的,同时,你的气场也会在你帮助别人的过程中逐渐壮大。

一位名人曾经说过这样一句话:天底下只有一个办法可以影响别人,那就是想到别人的需要,然后热情地帮助别人,满足他们的需要。

韦德罗特在英格兰的一家银行工作。有一次,他按照上级的指令准备写一篇关于吞并另一小银行的可行性报告,但事关商业机密,所以他需要时时刻刻都小心谨慎。在这件事上,他有一个曾在那家银行工作了十几年的朋友,他对那家银行非常熟悉。于是韦德罗特找到了这位朋友请他帮忙。当他走进这位叫做威廉·凯瑟琳的朋友的办公室时,凯瑟琳先生正在接电话,并且很为难地说:"宝贝儿,这些天的确没什么好邮票带

给你了。"

"我在为我10岁的儿子搜集邮票。"凯瑟琳解释道。

韦德罗特说明了自己的来意后，便向凯瑟琳提出了几个问题。凯瑟琳在回答韦德罗特的问题时说得很含糊，叫人理不清头绪。因此，他们这次见面的时间很短，而且也以失败而告终。

起初韦德罗特很是着急，真是不知该怎么办才好。突然他想起了凯瑟琳正在为他儿子搜集邮票的事情，于是韦德罗特马上想起了自己的一个朋友在航空公司工作，很喜欢搜集世界各地的邮票。

第二天上午，韦德罗特带了一些精美邮票，坐到了凯瑟琳的办公桌前。看到这些邮票，凯瑟琳一脸的喜气，也非常客气。"我的乔治一定会喜欢这些。"他一边不停地说，一边欣赏着那些邮票。的确，这些邮票让凯瑟琳非常满意。

于是他们花了一个小时谈论了邮票，又看了看凯瑟琳儿子的照片。接下来，凯瑟琳又花了一个多小时，把韦德罗特想要知道的资料当面全都说了出来。韦德罗特甚至都没有提议他那么做，可是他把他所知道的全都说给了韦德罗特。为了保证自己提供给韦德罗特这些信息的可靠性，他还当即打电话给以前的一些同事做了核实，把一些事实、数字、报告和信件中的相关内容，全部告诉了韦德罗特。

在这件事中，刚开始凯瑟琳根本就不愿意吐露消息。而韦德罗特却从凯瑟琳为儿子搜集邮票的事中找到了机会，就是因为他的这个行为帮助了凯瑟琳，急人所急，所以取悦了对方的内心，当然对方就愿意帮助他了。

我们都知道"利人者利己"这句古话，但在生活中有很多人在这方面的认识总是很欠缺，他们对事物之间的内在规律和联系总是看不清楚，

所以不愿意去帮助别人，总觉得帮助别人对自己并没有什么好处。

当别人遇到困难的时候，那些漠不关心、有能力而不给予帮助的人，最终只会被社会孤立、被众人排挤。一个人要想让自己的气场更强大，那就一定要赢得周围人的尊重和认可。在我们帮助别人的同时，也让自己广阔的胸怀得到了体现。将心比心，我们的援助之手一定能得到他人的认可，赢得他人的尊重。帮助别人就等于壮大我们的气场。

我们不要吝啬自己的帮助，只要我们能用心帮助别人，那就是最大的赢家。这就印证了这样一句名言："为了帮助别人，请先将你手中的蜡烛点燃，你要知道它在照亮别人的同时，最先被照亮的可是你自己！"

我们要学会帮助别人，学会把握帮助别人的机会，并且在帮助别人的过程中不要总想着自己失去了什么或让对方报答我们！因为我们的援助之手已经让我们收获了比金银财宝更珍贵的东西——气场。

让自己的行为举止充满自信

一个自信的人在说话时，我们能从他的言谈举止中看出他那积极饱满的情绪和吸引人的魅力，同时还能塑造出一种积极迷人的气场，让自己显得光彩夺目。既然自信可以影响人们的言谈举止，那么言谈举止能不能反过来对一个人的自信心造成影响呢？

苏菲是个非常认真负责的人，在公司里她勤勤恳恳，任劳任怨。来到这个公司的三年中，她所在的部门对主管人员进行了三次更换，这些主管都称赞她很能干。但是，她的职位却一直在原地踏步，而一些新来没多久、资历没有她高的人很快就得到了提升，而且还成了她的领导。苏菲心里很不平衡。

一次，升职的名单公布后，还是没有苏菲的名字，于是她便找到老板问原因。

老板很客气地对她说:"你的能力我知道的确很不错,可是想要升职不仅仅是肯干就可以的。我发觉你很缺乏自信,你可以想想,缺乏自信的话,你怎么去领导大家呢?怎么让大家信服你呢?"

苏菲很不服气,又问老板:"您怎么会有如此的断言呢?"

"我常听你在办公室说'糟糕了!''坏事了!'诸如此类的话语,这会让人觉得你不成熟,而且也觉得你应对突发事件的能力不强。做到'泰山崩于前而面不改色'才是大将风度,可是你并没有,这些都是你缺乏自信的表现。"

苏菲无言以对,低着头离开了老板办公室。

由苏菲的故事我们发现,一个人的言谈举止的确会让他的自信心受到影响。苏菲屡次升职失败,正是因为在日常言语和举手投足间,无时无刻地暴露出了自己内心的懦弱,从而让老板觉得她的能力还不够,失去升职的机会。

言谈举止对提升人们的自信心有很大的帮助,而强大的自信心可以让我们更有勇气去面对一切,从而战胜困难。

那么,我们应该如何通过自己的言谈举止提升自信呢?

第一,在说话的时候,如果不是要说给哪位朋友的悄悄话,那就应该大声地讲出来,要让别人听清楚。特别是对那些喜欢用细声柔语来表现自己淑女的女孩子来说,这一点更是值得铭记,细声柔语除了能让你自我感觉良好外,只会削弱你的气场。

第二,交往过程中,笑容是最容易感染别人的。笑容会给人留下好印象。当你想笑的时候就可以大声开怀地笑出来,让大家一起感受到你的快乐。当然,开怀大笑一定要注意场合,具体就要凭借我们个人的智慧来判断了。

第三，不要忽视自己的站姿和走姿，这是一个人内在信息的自我辐射。站的时候，要做到笔直、挺拔，不要有过多的小动作，否则就会削弱我们的气场。对于走姿，要记住快走时，步伐应该铿锵有力，慢走时，也不可摇摇晃晃。

只有对自己充满信心，我们才能在生活和工作中得到他人的信任、让自己的人脉更加丰富，进而让自己取得傲人的成绩。

言谈举止是一个人内心世界的外在表现。倘若你表现得像只猫，那么无论是在你心中还是别人心中，你都是一只猫，而且你也只会有猫的作为；如果你表现得像只虎，那么无论是在你心中还是在别人心中，你就是一只威风八面的老虎，而且你也会有虎的作为，成为人群中的优秀者。

所以，我们要拿出时刻准备迎接挑战的勇气，让自己的言谈举止始终都充满自信，这会让我们的人脉气场增色不少。

诚信做人，让你的气场更具威信

诚信是人们进行社会交往的基本道德规范。如今，人们在交往中越来越重视诚信，因为它不仅仅是一个人的名片，还可以说是人们的"第二张脸"。古人云："人而无信，不知其可也。"这句话就是说，如果一个人不讲信用，那么他就没什么可肯定的了。

可见，诚信是衡量一个人品德的重要指标，是一个人能在社会中立足的根本。倘若不诚信，那就很难得到大家的认可，很难有良好的人际关系，于是就很难有更大的发展。

李胜东是一家电脑公司的送货员。有一次，他去给客户送急需的电脑配件，途中突然下起了倾盆大雨，一会儿雨就将沿途的几座桥都淹没了，导致半个城区交通瘫痪，汽车几乎都无

09 找到人脉气场的钥匙，构建你的人脉圈

法行驶。

按理说，李胜东完全可以和客户进行沟通，等大雨过后再去送货。但是他并没有这样做。他对自己说："公司已经承诺要按时将货送到客户手上，那么无论如何我都要将货送到。倘若我现在返回公司，就会让公司的形象受损，而且我个人的信誉也会因此大大降低。"于是，他便从汽车的后备箱中拿出旱冰鞋，准备滑向目的地。经过两个小时的长途跋涉，李胜东终于将货送到了客户的手上，解了客户的燃眉之急。客户看到李胜东已经疲惫不堪，就将他请进屋，当大水退去后，亲自将他送回了公司。

李胜东作为一位普通的职员，用自己的行动维护了公司的信誉，也为自己建立了"信用"品牌。此后，这家公司一直在竞争激烈的电子市场中保持着强劲的势头，除了他们技术水平精湛之外，还离不开像李胜东一样具有高度责任心和恪守诚信美德的员工！

春秋战国的时候，著名的宰相商鞅推行了一系列变革措施，这就是史上著名的商鞅变法。可是当时战争频繁、人心惶惶，老百姓对他的变法并没有什么兴趣。为了树立威信，将自己的改革继续推行下去，商鞅便命人在都城南门外立一根长木头，而且当众许诺：如果谁能把这根木头搬到北门，立刻赏金十两。一旁的群众听了这句话后，都觉得这太简单了，而且赏赐这么高，所以就不相信，觉得肯定是一场骗局，于是便没有人出手去试。

在这种情况下，商鞅便将赏金提高到了五十两。人常说"重赏之下必有勇夫"，这个时候终于有人肯站出来了，而且也确确实实将木头扛到了北门。商鞅便立刻赏赐他五十两金。他的这

一举动,得到了老百姓的信任,同时也给自己树立了威信。这对接下来变法的深入起到了很大的推进作用。商鞅变法让秦国走上了强盛之路,最终统一了中国。

商鞅的"立木取信"和一诺千金,为他的变法成功打下了坚实的基础,从而国富民强。可见,"诚信"对个人乃至国家的兴衰存亡都有非常重要的作用。无论我们做人还是做事,都应切记诚信这件攻心"利器"。

那么,我们该如何在人际交往中做到诚信呢?

对于自己做不到的事千万不要许下承诺

做事要三思而后行,如果承诺的事超出了自己的能力范围,那到时做不到就很有可能遭到对方的轻视甚至怨恨,如果你坦诚地告知对方你的难处和能力的不足,对方也就不会勉强或责怪你,因为他明白这超出了你的能力范围。

对于力所能及的事,一旦承诺,就要力争兑现

如果中间遭遇突发事件,让原本答应的事可能兑现不了,那么我们就要及早给对方一个交代,并作出合理的解释。这样一来,即使无法兑现先前的承诺,对方也能理解和心存感激,而且会觉得你是个敢于承担、值得信任的人。

交际过程中一定不要忘记诚信做人,诚信是做人的一种道德规范,也是与人交往时的必备攻心利器。拿出自己的诚信和他人进行交往,才能得到他人的认可和尊重,从而让我们的人脉气场更加强大。

学会由衷地赞美,让人脉气场翻番

有研究显示:人际关系良好的人,他们工作的成功率和个人的幸福率可以达到85%以上;在工作上出现不顺的人中,人际关系不好的所占比

09 找到人脉气场的钥匙，构建你的人脉圈

例高达90%……

几乎每个人都知道人际关系对自己的重要性，可是，在我们的生活和工作中，还是有很多人不知道怎样处理好人际关系，也有不少人觉得只有溜须拍马、请客送礼才能处理好关系，其实这样的观点并不正确。要处理好人际关系，应该懂得并善用赞美，从而为自己的人脉气场加分。

美国钢铁行业的带头人安德鲁·卡内基在1921年的时候，曾开出100万美元的超高年薪聘请夏布先生任行政总裁。卡内基的行为让众人不解，他的一位朋友便问他为什么要这样做，卡内基先生微笑着对自己的朋友说："因为他特别会赞美别人，这也是他最值钱的地方。"

夏布的真诚赞美在业界可是很出名的，他因此而征服了很多商业巨头，促成了和他们之间的合作。加之夏布广大的人脉网络，他为卡内基的钢铁事业带来的收益远比100万年薪大。卡内基是这样评价夏布的："夏布在公司的位置是无人可代替的，也是其他人难以超越的。"

老板能给夏布如此之高的评价，说明了他的确不简单。每当员工们士气低落的时候，他总能用自己的赞美之词为大家打气，有了他的号召，员工们的信心和激情又会很快被调动起来，从而重新投入到工作中。所以，老板卡内基才会评价他的位置无法取代。

而我们在日常生活中赞美别人的时候，不要总是认为赞美会让对方的"重要性"膨胀，其实你自己的"重要性"也会在他心中随之增大。当他对我们的赞美流露出满意的笑容时，我们的气场实际上在他眼中放大了！所以，赞美可谓是一件双赢的事情。

有的人能游刃有余地运用赞美，让他人高兴的同时也为自己增加了人气；可有的人同样用赞美，不但没有让他人高兴，还可能让人产生虚情

假意、阿谀奉承的感觉，让对方产生厌恶的情绪。所以，我们还应该掌握一些赞美的规则：

赞美要真诚

人际交往过程中，一定不能缺少真诚，倘若你的赞美不真诚，那就可能显得没有根据，从而就可能让对方费解或误解，于是对方就可能对你产生戒备和防范心理。要防止这种情况的发生，在赞美说出口之前，我们必须确认自己赞美的人的确有这样的优点和长处。此外，我们还应该诚心诚意地表示佩服和敬慕，这样就显得我们的赞美比较充分。

赞美忌空泛

模糊、宽泛的赞美针对性不强，这样的赞美反而会引起混乱和误会，有时还可能让对方怀疑你的审美鉴赏能力和是非辨别能力，拒绝接受你的赞美。而我们的赞美越具体明确，就越能产生良好的效果，因为它具有特指性和实在性，更容易让人信服。

赞美要选准时机

有人曾说："训斥人要在无人的地方，赞扬人要去人多的场合。"这句话有一定的道理，但也不完全对。比如当我们的上司在场的时候，倘若我们赞美另一个人的领导组织能力强，这样就可能让对方陷入尴尬，无所适从，甚至有可能让上司产生不满情绪。所以，赞美需要选准时机，要让自己由衷的赞美在最恰当的场合表达出来。

赞美以间接为棒

我们所说的"间接赞美"就是指在当事人不在场的时候，我们在其他人面前赞美他。当这种赞美被所听到的人传给当事人的时候，不但能起到对他的赞美作用，同时还能让当事人认识到你的诚挚，这会让赞美的效果更好。即使我们的赞美之词并没有传达给当事人，听到你的赞美的第三者也会因你在背后赞美人而对你更加敬重。

赞美要自然

赞美别人，一定要注意让自己的言词显得自然、得体，一定不能矫揉造作。赞美就是为了让对方感受到你的肯定,倘若你用词没有注意,就有可能弄巧成拙。赞美别人时不要犹犹豫豫、支支吾吾,而要把自己想要表达的语句说清楚、说准确,要表现得优雅大方。

期望赞美对所有人而言都是内心深处的一种愿望,不论男女老少都喜欢听别人对自己的赞美。倘若我们想提高自己的人脉气场,拥有良好的人际关系,那就请用赞美为自己的人气加分吧!

以宽容赢得人脉,求得共同进步

澳大利亚著名作家安德鲁·马修斯在他的作品中有这样一句话:"一只脚踩扁了紫罗兰,却把香味留在了脚上,这就是宽容。"宽容在人类的生活中是非常重要的美德,它能融化我们心头上的冰霜,产生让人崇敬的气场。

在生活和工作中,我们可能不免会受到不公,这种时候,请不要忘记宽容。因为宽容就像是一片宽广而浩瀚的大海,能包容一切,也能化解一切。宽容是人的一种修养,也是一种处变不惊的气度,它是坦荡和豁达的表现。当我们的气场散发出这样的能量时,我们身边的人就会接收到积极的信号,他们会不由自主地对我们产生崇敬之情。

有一天,七里禅师正在寺院打坐念经,突然一个强盗闯了进来,拿出一把刀对着他的脊背说:"赶快把柜里的钱全部给我拿出来!否则,要了你的老命!"

"钱在抽屉里,柜子是空的。"七里禅师说,"你自己去拿吧,但是要留点,米已经没有了,不留点,明天我要挨饿呢!"

强盗找到了钱后,并没有留。在快要出门的时候,七里禅师说:"收到人家的东西,你怎么不说声谢谢啊?"

"谢谢。"强盗说。可是这时他十分慌乱,这种现象在他以前的抢劫中可是从来都没有出现过的。最后他愣了一下,才想起来自己不能拿走全部的钱,于是,他掏出了一把钱放回抽屉。

后来,这个强盗被官府捉住。差役依据他的供词,把他押到七里禅师所在的寺院。差役向七里禅师问道:"这个强盗曾经来这里抢过钱吗?"

"他没有抢我的钱,只是当时我给他钱了。"七里禅师说,"在刚要走的时候,也说了声谢谢,就这样。"

强盗没想到自己竟然被宽容了,他很感动,咬紧嘴唇,泪流满面地跟着差役走了。

后来,当他服刑期满之后,便立刻去叩见七里禅师,恳求七里禅师收他为弟子。可是七里禅师没有答应他的请求。于是,他长跪三日,七里禅师终于收留了他。

七里禅师宽容了那个强盗,让他颇为感动,因此拜七里禅师为师,获得了一次重新做人的机会。

人们在交往和相处的过程中,犯错是在所难免的,我们没有必要斤斤计较,事事都非要求个公平合理,而要学会宽容。有位名人曾经说过:"大智者必谦和,大善者必宽容。唯有小智者才咄咄逼人,小善者才会斤斤计较。"有的人为了指出他人的错误,体现出自己的正确,通常对别人进行尖酸刻薄、带有挑衅意味的评价。这种人目中无人、争强好胜,不去维护自己的人际关系,做什么事情都想比别人高出一截,却不知道虽然这种做法可能赢了场面,最后却输了人缘。

当我们教训别人的时候,往往会疏忽自己也可能犯同样的错误。所以,我们需要牢记一位哲人的话:"尽管人有这样那样的缺点,可是我们还是要原谅他们,因为他们就是我们。"当我们怀着一颗平和的心去对待身边的人,那就能让你自己的人脉气场逐渐变得强大,让自己成为受人欢迎的香饽饽。

人心不是靠武力征服，而是靠爱和宽容大度征服的。我们的生命是短暂的，而倘若失去宽容，就可能让很多事情影响我们的心情和生活，这是不值得的。当我们面对曾经伤害自己很深的人时，应该学会原谅。宽容既是对他人的释怀，也是对自己的善待。

生活中，有时候我们可能会感到烦恼缠身，痛苦连连，其实这多半是因为我们缺少宽容而造成的。当我们放下怨恨、学会去宽容待人时，就会因我们独特的气场而更容易让人靠近，更容易得到别人的尊敬。

远离自私，学会与人分享

人是社会性的动物，任何人的生存都离不开社会，人的快乐与痛苦都应该学会与他人分享。当我们和人分享自己的快乐时，可能表面看上去是损失了，其实却是收获了。

例如，你有四个苹果，先不要把它们全部吃掉，因为不管你自己吃了多少，其实都是一种味道。可是当你拿出其他的三个分给别人吃，虽然看上去你失去了三个苹果，可是实际上却赢得了三个人的友谊和好感。并且，当别人有了水果的时候，也一定会和你进行分享。这样，你就可能从这个人那里得到一个香蕉，从那个人那里得到一个橘子，到最后，你就可能得到好几种不同的水果，体验了不同的味道，更是收获了自己人生中的伙伴。

不管是金钱、信息还是机会，那些懂得与人分享的人，往往能收获得更多。他们的气场永远是健康开放的，而且能时刻散发着诱人的芬芳，从而吸引周围的人和他进行交往。

有一位老农从外地带回了一种优良小麦种子，第一年种植

后,效果显著,产量大增,这让他喜出望外。可是没过多久他又开始变得不安起来,因为他总觉得别人会偷去他的良种和他的那份骄傲。于是,他便决定想尽办法做好保密工作,倘若村民要兑换小麦种子,他都会统统拒绝,把成功的喜悦占为己有。

可是,过了几年,他的良种居然没有任何优势了,和普通的麦子一样。又过了几年,他的麦子几乎连普通的品种也不如了,不但产量降低很多,而且虫害增加,他因此也蒙受了不少的损失。

于是这位老农便带着自己的麦种到省城去请教农科院的专家。专家得知他的经历之后告诉他,麦子的花粉都是相互传播的,而良种的周围都是普通的麦田,这就会让种子在传播之间发生变异,从而造成品质下降。倘若当年他能将良种分享给大家,也就没有今天的局面了。

现实生活中其实有许多人都会犯类似的错误,他们因为担心别人分享自己的成果,于是处处提防小心,从而让自己陷入孤立的境地。

我们再看另一个故事:

有两个饥饿的人得到了一位长者的恩赐:一根鱼竿和一篓鲜活硕大的鱼,其中,一个人要了一篓鱼,另一个人要了一根鱼竿,于是,他们分道扬镳了。得到鱼的人原地就用干柴点了火开始煮鱼,狼吞虎咽地享用起来,可是几天后,他便饿死在空空的鱼篓旁。另一个人则提着鱼竿继续忍饥挨饿,一步步艰难地向海边走去,可当他看到不远处那片蔚蓝色的海洋时,他浑身的最后一点力气也使完了,只能眼巴巴地带着无尽的遗憾撒手人寰。

又有两个饥饿的人,他们同样得到了长者的恩赐,一根鱼竿和一篓鱼，只是他们并没有各奔东西，而是商定共同去寻找大海，他们每次只煮一条鱼，经过遥远的跋涉，来到了海边，从此，两人开始了捕鱼为生的日子，几年后，他们盖起了房子，有了各自的家庭、子女，有了自己建造的船只，过上了幸福安康的生活。

同样是具备同等条件的人，前两个只是一味地顾自己，不知共同分享，结果谁也没有最终战胜饥饿，后两个人懂得分享，从而过上了好日子。

善于与人分享的人抬头看到的是天空，而总是独自享受的人抬头看到的则是天花板。在人的一生中，你究竟是希望自己拥有一个广阔的天空呢，还是希望自己仅有几平方米的天花板呢？虽然我们独自欣赏美景会觉得惬意，可是能和所爱的人一起分享就会更完美；一人独自享用美食当然畅快，可是要能和亲朋好友们一起分享，更是一大乐事。所以，学会与人分享，才能让我们的人生更加丰富完美。

只要我们学会把自己最美好的东西和他人进行分享，就会让我们的人脉更旺，也会让自己感受到更大的幸福。"与人分享"是一种智慧，也是一笔财富。

"分享"虽然有时意味着舍得和失去，可是它能给我们带来更多的朋友和机遇，让我们的人脉网越来越宽广，让我们的人脉气场越来越强大。

热情会增加人脉气场的灵魂

岁月流逝，一去不复返，可是如果我们的内心失去了热情，那就损伤了气场的灵魂。

要想让自己达到人生的巅峰，我们必须拥有将梦想转化为现实的热情。每个人的气场都具有一定的特性，是冷是暖，就看你是否具有一颗热情的心。

一个心怀热情的人,不论他从事什么工作,都会认为自己的工作是神圣不可或缺的,而且会怀着浓厚的兴趣去完成它。当我们工作的时候,不论遇到什么困难,不论需要多少努力,都应该以不急不躁的态度进行。爱默生有这样一句话:"有史以来,没有任何一份伟大的事业不是因为热情而成功的。"

> 世界著名的发明家爱迪生也是一名很成功的企业老总,他在工作的过程中能用自己巨大的热情去感染员工。他本人十分崇尚实干,通常干起活来废寝忘食,他的员工们也和他一样,在很多时候都忘记了下班。
>
> 员工们工作这么卖力,并不单单是为了奖励,更为重要的是,大家对自己的工作都拿出了很大的热情,没有一个人感到自己是在为老板卖命。
>
> 爱迪生是公认的天才,可是他并没有把自己供起来,他亲自下车间,在阵阵乒乒乓乓的敲打声和刺耳的电锯声中开动自己那非凡的大脑。同时也让工人们参与到每一项创造发明过程中来,使每个人都得到展示自己聪明才智的机会。

他们的干劲让企业发展充满了生机,同时,企业发展的良好形势又加倍激励着他们。爱迪生凭借自然流露出的对工作的热情征服了员工。

曾经有位名人说:"随着我年龄的增长,我领悟到了热情是成功的秘诀。如果两个人各方面条件都差不多,那么饱含热情的人将更能得偿所愿。虽然一个人的能力可能不足,可是他要是热情对待自己的工作,通常会胜过能力高强但欠缺热情的人。"

热情并不只是表面的工夫,它源于我们的内心,来自我们的气场深处,通常情况下,你究竟是热情还是不热情,都能从你的行为上得到体现,这是隐瞒不住的。当跟他人握手时,我们要紧紧地握住对方的手说"我很荣幸能认识你"或"我很高兴再见到你"。如若没有力气,畏畏缩缩,那会让人觉得"这家伙死气沉沉"。我们应该每时每刻都让热情占据自己,消除抑郁和自卑。

人的内心世界经常会产生心理战,往往占据优势的心理会左右你的言行,甚至能影响你的一生。失去热情,就可能让你的心理变得自卑、消极,这些情绪可以蚕食你的生命,摧毁你的一生。

曾经有一个人总是以充满自卑和焦虑的心态面对生活,他几乎对自己的事业感到了绝望,可是在经过心理医生的指点之后,他开始尝试着热情地对待生活,终于让自己的事业有了起色,而且他重新获得了欢乐。对于自己这一段大起大落的经历,他感慨良多,认为自己得到了一个深刻的教训。他体会到他应该打破自己,应该去做一件大事情,那就是改造自己,让自己重新对生活和对每一件与自己相关联的事情产生热情,热心地去做每件事,让热情伴随自己的生活。正是经过这样的不断训练,那些沮丧、烦恼被赶出了心灵,他重新得到了充实的生活。

在为人处世的时候,试着去以热情的心和他人进行交往吧,这会让他人觉得我们可信,同时也能让他人感受到我们对别人的尊重。于是,他人就乐意和我们交往,乐意和我们深交,从而为我们的人脉气场增添一份力量。

展现亲和力,增进气场

人的气场可以产生吸引力,这种吸引力很大程度上就是亲和力。这就像微软的员工对待比尔·盖茨一样,当他每次出现在公司总部的时候,员工就会从他身上感受到一股强大的吸引力,并像仰望星空那样看着他,等候他的最新指示,或希望能得到他的肯定。

比尔·盖茨同巴菲特、卡内基等影响世界的商界首脑一样,他们都因具有强大的气场,从而产生了强烈的亲和力,吸引了一大批优秀的人才,进而创立起了自己的商业帝国。

对于领导者来说,需要展示出自己气场的亲和力,用来保证自己的威望和说服力。如何做到这一点,下面的这些建议可能对你有所帮助。当然你并不需要完全照搬,只要能从中吸取必要的积极点就可以了。

在下属面前保持最佳状态

一名优秀的运动员,会在比赛前将自己的身体调整到最佳状态;一个出色的歌手,会在正式演出前将自己的嗓音和精神状态调整到最好状态;一个善于交际的领导者,在出席重要的场合时都会将自己的气场调节到最棒状态。所以,倘若我们想提高自己的亲和力,无论是出席会议,还是进行普通的社交活动、商务会谈,甚至是在办公室与下属谈话,都应该将自己认真收拾一番,换一身整洁、得体的衣服,让自己保持最贴切的形象出场。

与下属进行寒暄

寒暄这个词,充满了学问,很多交际高手都精于此道,可是也有不少人常败在不及格的日常交流中。领导者除了需要保持良好的形象之外,还应该做好同下属的沟通工作,这是展现自己亲和力的最好时机。

倾听下属意见时,要耐心专注

倾听其实就是对人的一种鼓励方式。工作过程中,有很多人都会埋怨自己的工作很辛苦,或是抱怨自己的意见和建议得不到领导的尊重。倘若我们能在工作中常倾听他们的谈话、尊重他们的意见,这会让下属感到莫大的鼓舞,可以提高下属的自信心和自尊心,同时也能加深我们与下属的感情。

在倾听下属的意见时,我们的态度越认真、越投入,就越容易和下属进行沟通交流,这会让他们发自内心地对我们产生好印象。如果在下属讲话时我们表现得漫不经心,这必然会让下属伤心。讲话是一种艺术,听人讲话也是一门学问。领导者要善于耐心专注地倾听，做一个"听话"的高手。

善于问候每一个人，哪怕他职务卑微

有位名人说过："伟大源于对待小人物上。"领导与下属只是职务上的不同，没有人格上的高低贵贱之分。领导者越是在下属面前摆架子，让下属服从你，那就越会被下属看不起，他们就可能认为你是"小人得志"；而你越是对自己的下属放下架子，越尊重他们，他们心中的你就越显得伟大，他们就越喜欢你。

一位银行行长每次步入单位大门的时候，都要对门卫和收发室的临时工予以问候，他表现得很随和，让他们这些临时工感到非常亲切。和正式工相比，这些临时工本来就感到比较自卑，可是银行行长的做法让他们大受感动，更为重要的是，这些看似很不起眼的小事，却大大提高了行长的威望，让人们广为赞誉。

由这个案例我们可以看出，在工作中，领导者的亲和力会让他的气场更有魅力，更让人仰慕。所以，我们要时刻记住，对自己办公室里的任何一个人都不能忽略，就算他职务卑微，我们也要让他感受到你的真挚情感。人脉气场就是在这一点一滴中形成的。

征服陌生人，也是提高我们人脉气场的重要方面

谈到人脉，很多人都觉得这主要是指熟人，其实，陌生人对我们的人脉也很重要。我们的熟人在刚开始都是陌生人，交往多了，才渐渐熟悉了。

所以，要学会和陌生人打交道。只要我们能注意一些基本的技巧，使用最简洁的方式来展示自己最好的一面，那我们就能在短时间内交到值得信赖的朋友。这就像一位推销员将自己的产品卖给那些并不熟悉的人一样，并不是能力上的问题，而是技巧问题。

在纽约，经常有这样一些留学生兼职推销员，他们的主要工作就是把自己的产品卖到陌生人手中，以此来挣些生活费。其中有一位英文名叫做凯琳的西安女孩，她来到美国是边打工边进修。她所推销的是化妆品，为了能多挣一些提成去支付自己的学费和生活费，她为自己制定了一份很苛刻的计划：每天在下课后至少拜访100名陌生客户。

凯琳每天至少都要忙碌到凌晨两点，所以每天只能睡四五个小时。在她刚开始执行计划的时候，同事们都对她这个"伟大"的计划不屑一顾："我们凯琳小姐真是太不知足了，她已经是上周的销售亚军了，还这么到处跑。人的精力都是有限的，她这样做并不见得能起好的效果。"

甚至还有人说："我看她应该直接拿出手枪，命令人们都把钱掏出来好了，没必要这么折磨自己！"

在第一个月内，她的计划对她没什么帮助，因为她只能保证平均每日30瓶的销量。但是从第二个月起，就开始有效果了。渐渐地，越来越多的陌生人打电话过来，询问她那里是否还有化妆品可卖。他们想从她这里购买化妆品来讨好自己的女朋友，因为凯琳的化妆品和超市相比省去了很多成本，所以价格往往要便宜很多，可谓是物美价廉。当到了第三个月，她的生意已经非常火爆，每天的订货电话不停，就像核裂变一样，这些日子积累下来的这些潜在客户群都开始逐一被引爆。

这让凯琳成了化妆品公司最优秀的营销员，老板都为她的业绩感到惊讶，对她大加赞赏。她的税后周收入曾高达2680美元，这个数字完全超出她自己的意料。连她自己都没有想到会有如此大的工作能量，竟然能为公司创造如此之高的收益。

凯琳之所以能有如此让人惊讶的业绩，正是由于隐藏在她体内的不可限量的气场起了作用，当它完全爆发时，凯琳拿出了自信，拿出了激情，所以就表现得像全世界最出色的业务员似的，没有什么人是她不能结识到的，也没有什么事是她做不到的。

所以，我们要告诉那些试图找到好方法去拓展人脉的人，对自己的要求再高一些，要像凯琳那样每天都争取做得再好一点，哪怕是一点点，那你也一定能做得更好！这并没有什么困难！

其实，当一个人决定每天要让新结识的100个人做自己的新朋友时，那么他的生活将会随之完全发生改变。为了他的目标，他就不可能每天10点以后才起床，而至少也应该在6点就开始准备新一天的生活；当吃过午饭之后他也不能悠闲自得地看电视或在晚上下班之后坐在电脑前玩几个小时的游戏，他要把这些时间用来去完成一个新的极具挑战性的任务：寻找有价值的陌生人，并走进对方的生活！

由此可见，要提高我们的人脉气场，就应该像凯琳一样去努力，对自己的目标要求高一点，当我们的气场征服了陌生人，那他们就成了我们人脉网中的一员，这对我们日后的工作生活都是很有裨益的。

多交际，编织牢固关系网

在人们交往的时候，能够进行感情投资是必要的，你只有投资了足够的感情，才可能获得丰厚的回报，所以说要想广结人缘，就必须通过做足人情来编织牢固的关系网。

我们也只有通过这样的交流,才会结交更多的朋友,那么你的成功将会受到更多人的帮助,你的成功道路也会走得更加顺利。

在物欲横流的今天,很多朋友都是所谓的酒肉朋友,所以人们才发出了这样的感慨:"人生得一知己足矣。"而要想获得真正的朋友,就需要付出,需要你学会广结人缘。

在社会中那些处世高手都非常善于进行感情投资,因为他们懂得只要投入了一分人情,就会得到别人双倍利息的送还。

俗话说:"人生的债务是可以还清的,但是人情的债务是无法还清的。"所以,我们要结交朋友,就一定要做足人情。

拉第埃在刚刚上任的时候,遇到的第一个非常棘手的问题就是和印度航空公司的一笔交易。

当初由于这笔生意还没有得到印度当地政府的批准,所以这笔交易很有可能会谈不成。在这种情况下,拉第埃匆忙赶到了新德里,而且还准备去亲自拜访当时谈判的对手——印度航空公司的主席拉尔少将。

拉第埃在与拉尔少将会面的过程中,拉第埃对他说道:"亲爱的拉尔先生,正是因为你让我有机会在我生日这一天又回到了自己的出生地。"之后拉第埃又向拉尔少将介绍了自己的身世。

拉尔少将听完之后非常的感动,并且挽留拉第埃一起进餐。于是拉第埃趁热打铁,从自己的公文包中拿出了一张照片给拉尔少将看,并且问道:"拉尔少将,您看看这个照片上的人是谁?"拉尔看完之后非常惊讶地说道:"这不是圣雄甘地吗?""那请你再看看旁边的小孩是谁?"拉第埃接着问道。拉尔少将看完之后更加惊喜了,"这不是我吗,我记得那个时候自己才三岁,就随父母离开了印度去欧洲的途中有幸与圣雄甘地同乘一条船。"

当看完照片之后,拉尔少将与拉第埃的感情一下子就亲近

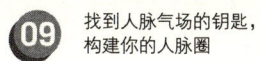

了许多,所以这笔交易也顺利谈成了。

当我们读完拉第埃的故事后会发现,拉第埃的第一招就是应用了中国古代的"攻心计"。拉第埃一开始就巧妙地赞美了拉尔少将,这样就让拉尔少将有听下去的兴趣;而接下来拉第埃又通过自己生平经历的介绍,进一步拉近了与拉尔少将的感情;等到最后,拉第埃通过甘地的照片完全打动了拉尔少将,从而产生了感情的共鸣。而每当我们与别人产生感情共鸣的时候,也是我们谈事情的最好时机。

可以说,拉第埃这次生意之所以能够成功,就是因为他们懂得用感情来攻心,从而与对方产生共鸣,达到自己的目的。

在结交朋友,做人情方面,我们一定要看得开。当我们打算去结交别人的时候,一定要把人情做足,做人情并不是什么愚蠢的事情,而是"放长线钓大鱼",所以,只有当人情做足了,我们才能够广结人缘,编织起更为牢固的人际关系网。

QI CHANG XIU LIAN ZHI ZHONG JI SHI ZHAN

10

玩转财富气场，让人生变得更加富足

气场可以影响你的财运

　　一位资深培训师根据自己长期的工作经验发现，他能从参加培训的学员的外在气质上判断出他们将来哪个人会赚大钱，哪个人会赔钱。其实这并不奇怪，因为人的气场就能体现出这些信息。

　　从人的气场中，可以看出一个人的赚钱欲望是否强烈、头脑是否清醒、逻辑是否清晰等，这些因素都能直接影响一个人的财运。

　　生活中，能够赚到大钱的人总是少数，这是为什么呢？因为这些人心无旁骛，他们的心中只有一个念头，那就是如何去赚钱。对他们来说，因为赚钱的劲头十足，所以他们从来都不相信自己会因为得不到什么东西而发愁。他们的全身上下都散发着强大的财运气场，指引他们为实现自己心中的理想而努力奋斗，这是他们获取财富的最好动力。

　　要获得财富，我们就不能忽视财富气场的作用。首先要在内心深处牢牢地树立对财富的向往和渴望，不要限制自己的思维，也不要怀疑自己的能力。相信："我一定能赚到钱！""我不会穷困。"只要你在自己的内心深处相信这些，并积极努力，终有一天，财富会登上你家的大门。

　　倘若我们总是给自己的思维"下套"，钳制自己，总觉得自己在茫茫宇宙之中，只不过是一粒小小的与世无关的原子，与世界分离又微不足道，那么，财富将很难向我们靠近。因为我们的财富气场太弱，没有吸引力。

不要总觉得美好事物只是少数人的专利，这种想法是错误的。持有这种想法的人，思想太悲观。他们总是觉得富裕和成功是不可能公平地降临到每个人头上的，他们认为有利的资源只能被那些少数的幸运者得到，这些都属于那些头脑最聪明、深谋远虑、身体强健的人，自己要得到这样的机会，那可真是太渺茫了。在这种念头控制下，我们的财富气场将是很空虚的。

比尔·盖茨在一次接受记者采访的时候说过这样的话："当年，我没有读完大学，而是选择了退学。刚开始创业的时候，我并没有担心钱，因为当时我还不知道自己能做什么。可是我知道，我有无法克制的创业激情。尽管当时有许多人不理解我为何要退学，他们觉得创业一开始还是有些困难要面对的，可是，我必须那样做，我也喜欢那样做。"

那么比尔·盖茨的财运气场是什么呢？也许正是这种无法克制的创业激情。这体现出了比尔·盖茨是一个具有积极主动心态的人。所以，不管怎么样，我们首先要将自己的心态摆正，多一份积极乐观，少一份悲观痛苦。

心理学家通过一系列的研究发现，一个人被击败，并不是外界有多少困难，而是由于这个人对环境作出了消极的反应。当面对不利的环境时，有的人就会听天由命，于是那些不良情绪就会像癌细胞一样在他们的身体里不断扩散，进而他们就开始抱怨社会和他人，最终让自己陷入恶性循环。而那些心态积极健康的人，无论环境怎么样，他们总能拿出自己的激情，乐观地看待一切，并且相信自己能不断走上新台阶。虽然他们同样也会遇到各种困难，可是，积极的态度总能让他们在顺境中意气风发，在逆境中不屈不挠，让他们最终成为胜利者。

总而言之，要让自己获得财富，就应该先培养自己的财富气场，这

是获得财富的基础。让自己拥有积极的心态,不要觉得财富距离自己十万八千里,不要觉得自己一个无名小卒,实力不强,没有背景。拿出你的自信,拿出你的激情,用它们去塑造你的积极气场,从而助你走上财富之路。

使大脑富起来,打造强大的财富气场

穷人和富人的财富差距之所以会很大,气场是一个重要原因。在富人的眼中,从来没有"贫穷"二字,他们一直都盯着前方,一直都在努力向上,所以,他们的财运气场很强大。而穷人总是觉得财富和自己无关,他们不是悲观绝望就是停滞不前,所以,他们就没有强大的气场。

因此,要想富,就应该先让自己的大脑富起来,让自己的心态富起来,这样就能给自己打造强大的财富气场,让自己学会像富人一样思考问题。

刘志铭有一段时期因劳累过度住院疗养,那个时候他的时间很充足,只是除了读书和思考之外,能做的事情并不多。可是他很喜欢思考,总能发现一些新点子。

他知道很多洗衣店会在熨好的衬衣领下加一块硬纸板,从而就能防止衬衣领子变形。于是他便去了解这种硬纸板的价格,后来,他得知这种硬纸板的价格是每千张 4 元的时候,便产生了这样的想法:在硬纸板上加印广告,再以每千张 1 元的低价卖给洗衣店,这样自己就能赚取广告利润。

于是,当他出院后,便开始立刻着手实施自己的计划,并坚持每天研究、思考、规划的习惯。

当广告推出后,刘志铭发现了这样的现象:人们通常取回干净的衬衫后,就会丢弃掉衣领下的硬纸板。

10 玩转财富气场，让人生变得更加富足

他开始思考："怎样才能让客户保留这些纸板和上面的广告呢？"终于，一个点子又闪过他的脑际。他在纸板的正面印上广告，而将它的背面也进行了利用——生活中的实用偏方、主妇的美味食谱等等。

结果，这一招果然有了很好的效果。一位丈夫抱怨他们家向洗衣店支付的费用激增，没想到竟然是因为妻子为了搜集刘志铭的食谱，总是把还干净的衬衫送到洗衣店去洗！

刘志铭并未以此自满，他野心勃勃，打算继续让自己的事业更上一层楼。他开始联系更多的洗衣店进行洽谈合作，最终赚得盆满钵溢。

刘志铭致富的要素既不是资本，也不是运气和关系，当然更不是那些看起来很让人羡慕的身份或地位，而是他积极的思维方式和气场！是他的思维方式影响了他的心态，从而促使他去行动，这些都让他的气场得到了提升，所以便为他创造了财富。

人的气场是可以改变的，同样，思维方式也可以通过学习而改变。一位名人曾经说过这样一句话："致富其实很简单，找一个富人作为楷模，做他正在做的事。"不错，我们可以找个富人做榜样，去提升自己的气场，提升自己的价值。

当初"股神"巴菲特对自己的投资风格和交易体系还没有确定的时候，他的投资经历和普通投资者没什么两样，他做着同样的技术分析，打听内幕消息，整天泡在股票交易所看股票走势图表。

但是，他没有停下学习的脚步，他当时跟随价值投资大师格雷厄姆进行学习，在1957年的时候，他又亲自登门拜访著名投资专家费雪，向他请教投资技巧。最后领会了格雷厄姆和费

雪两人投资体系的特长，将他们的特长融合到自己的投资中，形成了自己的投资体系。

经过在实战中不断地摸索，他获取了骄人的财富，一度超越比尔·盖茨，成为全球首富。

巴菲特能由普通的投资者成为"股神"，靠的就是通过向富人学习，以此来充实自己的大脑和实战能力。向他人学习，借鉴他人的成功经验，这是丰富自己大脑的一个重要方法。

当然，向富人学习，做富人正在做的事，并不是说完全照搬他的模式，而是说要借鉴和学习富人的思考方式和成功经验，将这些东西拿来充实我们的头脑，变成自己的真才实学，提升自己的财富气场，引导自己去拼搏，去奋斗。

先让自己的大脑富有，大脑富有思路就更开阔，而思路又能决定我们的出路。这就可以形成良性循环，为我们的财富气场铺好路，于是我们就能让自己的财富气场大显身手。

强烈地关注财富，你就会吸引财富

有人说金钱是"万恶之源"，有人说金钱是"幸福的必要条件"。无论什么样的观点，人们对金钱始终都是向往的，对财富始终都是渴望的。

我们对财富的关注程度是影响财富情况的重要因素，因为它能影响我们的气场。倘若我们多关注一些有关金钱或财富的人或事，同时也确信自己有资格、有能力获得财富，那么，充足的财富气场就会让我们的财富滚滚而来，从而带动我们的生活走向积极发展的道路。

下面我们看看这个故事：

10 玩转财富气场，让人生变得更加富足

丹佛尔在40岁的时候打算卖报挣钱，因为他已经失业很久了。经过了认真思考和挑选，他把自己的目标选定在当地的一家火车站。可是，这个火车站内已经有两个固定的卖报亭了，而且据了解，生意并不好。

这时，丹佛尔的妻子劝告他放弃这个念头。可是丹佛尔却不同意。他对妻子说："相信我吧！我一定能取得成功的。"他知道追求财富的愿望不能只停留在嘴上和心里，而一定要付出实际行动。于是，他先从火车站内的管理员着手，每天免费给他们送几份报纸。时间一长，相互之间就熟悉了。后来，丹佛尔以朋友的身份向管理员们讲述了自己窘迫的生活，引起了管理员的同情。于是，火车站管理员便同意他在车站内卖报。

因为车站内卖报纸的还有另外两家，丹佛尔觉得这样竞争起来谁都得不到多少利益，于是他便决定不摆摊，拿上报纸到人群和车厢中去卖。同时，丹佛尔还凭借自己和车站管理员的良好关系，让妻子在车站摆摊买饮品。饮品价格虽然比车站外贵一点，可是这对出入火车站的人而言，还是很方便的，所以人们就会购买。看上去他们的收入微薄，可是生意红红火火，足以让两人衣食无忧了。

过了大约一年的时间，之前那两个卖报纸的人不打算在这里卖报了，想将他们的报亭转让给丹佛尔。当时，丹佛尔的妻子劝阻他说："他们转让给咱们就是因为效益不好，你为什么还要接手呢？"丹佛尔笑着对妻子说："我觉得财富正在向我们招手，相信我吧！"

于是，丹佛尔便接手了这两个报亭，而且还扩大了自己的经营范围，卖一些畅销杂志、书籍、小玩具、小饰品等等，生意逐渐走上了快车道，收益也越来越大。

后来，一家饮品公司发现丹佛尔的报亭地理位置很好，而

且每天的销量都很好,于是便将他们的宣传画张贴到了丹佛尔的报亭里,同时还给他们安放了冰箱。于是,变得漂亮醒目的报亭不但能获得一些宣传费,而且还增加了卖饮料的收入。

现在,他们的生意如日中天,生活幸福美满。

其实,财富往往就在我们身边,我们关注它,同时相信自己能获得,那财富就会被我们的气场吸引过来。就像丹佛尔从车上卖报纸开始,吸引来两个报刊亭的经营权,后来又吸引来饮品公司的关注。他的财富之路不会就此停住,将来还会吸引来更多的财富。丹佛尔的创业成功源于他对财富的关注和信念,从而让他的财富气场越来越有魅力,于是便为他吸引来了更多的财富。丹佛尔的事例告诉我们"关注财富,就会让财富气场更强大,从而为自己吸引财富"的道理。

人是创造财富的主体,当我们强烈关注财富的时候,我们的财富气场就能更加壮大,从而产生更加强大的吸引力,让更多的财富向我们聚集。

摒除心中那些负面的"财富观"

这个世界上,有人富甲一方,有人却需要政府的救助才能勉强维持生活。很多人会有这样的疑问:"为什么别人能成为有钱人,而我费了这么大的气力还是无法翻身?到底是物质、精神还是心理方面的因素阻碍我的致富路呢?"

其实,我们不必因此而迷茫,可能一个错误的观念就能阻碍我们致富。一个根深蒂固的财富观往往会塑造一个人的生活方式,而错误的财富观则常常会让本该属于我们的财富不翼而飞。

我们肯定都知道"条条道路通罗马"这句话,而在当今社会,也演

10 玩转财富气场，让人生变得更加富足

变出了"条条道路通财富"这句话。这告诉我们，商机无处不在，财富无处不在。可是追求财富心切的我们，反而变得浮躁起来，于是，错误的财富观便钻了我们思想的空子，成了阻碍我们追求财富的绊脚石。

该如何搬走致富路上的绊脚石呢？我们可以将下面的几个负面"财富观"和自身进行对比，看看自己是否也存在这些问题，然后及时纠正错误观念，奔上致富的快车道。

负面"财富观"一：金钱不会带来幸福

这个观点肯定是世界上最荒谬的言论之一！金钱既不是魔鬼，也不是万恶之源。它是为人们服务的一种工具，它的好坏主要取决于我们的使用方式。倘若你懂得用金钱让父母安度晚年，用金钱让爱人过上舒适的生活，用金钱让孩子享受良好的教育，那么，金钱绝对是你生命中不可或缺的朋友。

金钱能让我们的物质生活和精神生活水平得到提高，能让我们在尽情地享受人生乐趣的同时，怀有一种安全感。当然，拥有金钱，不一定能保证你的生活就很幸福，可是，没有金钱，你的生活肯定会有不少遗憾和缺失。

负面"财富观"二：财富来自于对他人的剥削

财富的聚敛并不能简单地看成是剥削，我们以股票投资为例：当一方买入股票时，对于卖方的真实身份他并不知道，所以并未产生剥削对方的行为。一般来说，卖方觉得股价将要下跌的时候或是确定已经有足够获利的时候才将自己的股票卖出，而买方则会在股价即将攀升时才决定买入。双方都根据自己的不同需求而促成交易，没有任何一方受到剥削。

负面"财富观"三：致富需要花很长时间

追求财富就好比种树，种树并不会要我们花费大多的时间，只是种下树后，要给树木留下充足的成长时间，它才能结出丰硕的果实。所以，我们不要认为要致富可能会花自己几十年或一辈子的时间，只要我们付

出时间去主动追求财富，那么财富的到来就是水到渠成的事情。

你的思维方式左右你面对金钱的态度和处置金钱的行为，也决定了你走向的是富裕之路还是贫穷之路。

负面"财富观"四：只要有好工作就能致富

也许，父母曾经对你说过"一定要好好读书，这样你才能找到好工作"之类的话。很多父母对孩子都有这样的叮咛和期盼。好工作的确能让我们每个月都有稳定的收入，让我们有安全感，可是倘若我们要想变成有钱人，仅仅依靠工作那恐怕是比较困难的，那些财富的巨人们可不是靠着每天规规矩矩上班而致富的。

如今，虽然人人都在追求属于自己的财富，可并不是人人都能正确地理解财富并拥有正确的财富观。巴菲特曾对自己的子女们说："想过超级富翁的生活？不要指望你老爸！要记住，财富永远都是依靠自己的双手赚来的。"

虽然不可能每个人都能成为富翁，但只要你的财富观正确，并能将它和自己的行动结合起来，那就能让自己的财富气场越来越强，从而走上致富之路。

依靠你的喜好去赚钱

人人都有自己的一些特质和特长，倘若从事自己爱好的工作，那就能让自己的特质和特长得到很好的发挥，相对而言比较容易取得成功。比如，有这样两个人，其中一人对机械方面的东西很感兴趣，而另一个人则恰好相反，很厌恶机械类的工作。倘若让这两个人同时从事机械制造，那么，我们很快就会观察到前者能做出精巧的装置，能轻松操作某个极其复杂的机械，而且工作效率也很高；而后者会表现出一副烦躁的表情，而且还不出活儿。所以，两者相比之下，前者更适合在机械事业上

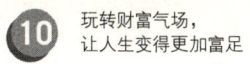

发展,也更容易取得成就。

萨拉太太有四个儿子,在他们小时候,萨拉太太就给他们做好了规划,让他们分别从事这些工作:大儿子杰克去当一名军人;二儿子洛非去做一个律师;三儿子格米去当一名医生;小儿子曼德去做一个生意人。

可是,四个儿子都没有按照她设计的路去走,而是选择了自己的发展方式。萨拉在和一位10多年没有见的朋友碰面时,她们聊到了萨拉儿子的情况。萨拉说:"当儿子们都先后长大了,他们开始给自己规划未来的道路了。有一天,我的大儿子杰克跑过来对我说,他很看好炼金这个行业的前景,想做个金匠。当时,我就觉得自己年轻时的想法太不现实了,于是我默许了他的选择。后来,二儿子和他的两个弟弟都先后向我报告了他们希望从事的职业,我也都答应了他们的选择。""那他们现在发展得怎么样呢?"朋友好奇地问道。萨拉太太又回答说:"无论怎样,只要他们都喜欢自己所做的工作就行了。"后来,萨拉太太的那位朋友得知,萨拉的四个儿子都很有出息,都在他们所从事的行业中成了领头羊,生意越做越大。

我们可以想想,倘若当初她没有同意大儿子杰克的选择,而坚持让他去参军,杰克可能会记恨她,而且很有可能成为一个意志消沉的逃兵,因为他对当兵根本就没有兴趣,不是他心甘情愿的事情,他能做出什么成绩呢?显然,正是由于萨拉太太的明智决定让自己的儿子去选择他们各自喜欢的工作,才让他们有了大展拳脚的机会。

生活中,相信很多人都能找到自己正确的兴趣爱好,可是,也有不少人弄错了他们的职业,从医生到律师、从司机到办公室文员,很多人对自己目前所从事的职业并没有兴趣,也许,那些我们经常看到的医生、律师，可能他们对工匠或画家的职业感兴趣……

你是否也像他们一样选错职业了呢？那么现在请你思考一下自己的兴趣爱好，然后去寻找最能展示你才华的事业吧，因为人生的财富气场只有在自己感兴趣的工作中才能得到更好的发挥和展示。

对财富的渴望越坚定，富有的速度就越快

通常，我们都说一个人要想成功，就离不开努力、毅力等这些因素。事实上，信念对我们的成功也有着很大的积极作用。当我们对自己的未来和所从事的事业充满了坚定的信念，那么就能用它推动我们去采取积极的行动，进而才能取得成功，赚到更多的财富。

信念像春雨，滋润着人们的心田。当我们遇到各种挫折和失败的时候，信念就会发挥出它的作用，帮助我们保持心态平衡，积极面对，同时又能慰藉我们的心灵，让我们重新振作。

早些时候，日本有一种计时器叫沙钟，它是以流沙从一个容器漏到另一个容器的数量来计量时间的。这原本是个很不起眼的东西，可是有一名叫西村金助的人看好它的市场前景，结果，成了当地赫赫有名的富翁。

当初的西村金助很穷，可是他一直怀有这样的信念——自己能成为富翁。因此他在生活中处处留心，顽强进取，就是当自己面临狼狈的状况时也不沮丧、不气馁。

一次偶然的机会，西村金助从一个旧货摊上发现了一个沙钟，他当时就对这东西产生了浓厚的兴趣。他觉得这个东西有很大的商机，于是便借钱开了一间小沙钟的生产作坊。

可是，产品推上市场后并没有得到他想象之中的好销量，因为作为玩具，它并没有什么地方能吸引孩子，自然销量就很小，渐渐地，沙钟的需求量越来越少，西村金助不得不停产。可是，西村金助还是没有完全放弃对沙钟的希望，他相信自己没有看错，也相信现在遇到的困难自己最终都能够战胜。

在一次看书的时候，他无意间看到了这样一句话："马在现代社会生活中早已失去了它原本所具有的运输功能，而是以高娱乐价值的面目出现。"这句话只有短短几十字，却让西村金助感到振奋不已，他仿佛觉得上帝在跟他说："你没有看错，再坚持下去，你就会发现沙钟的潜力。"所以，他认为赛马比运货的马值钱，那他也一定可以找出沙钟的新用途！

终于有一天，他产生了一个很奇特的想法：为何不用沙钟的计时功能来控制人们打电话的时间呢？可以设计一个时限为3分钟的沙钟，并把它装在电话机旁，当沙子完全漏完的时候，就证明打电话已经3分钟了，给人们作出提示，这样打长途电话时就不会超过3分钟，便能有效控制电话费了。

于是，西村金助便开始着手制作新沙钟。在平时，沙钟可以当做装饰品，当人们看到细沙逐渐落下的时候，就可以很好地调整自己紧张的生活状态。而在打电话的时候，就可以有效地控制通话时间，而且售价也比较便宜，那些担心电话费支出的人这回就可以很好地控制自己打电话的时间了。

当新沙钟刚一上市，销量很不错，平均每月的销量就达到了3万多个。而且很快，他那间濒临倒闭的小作坊就变成了一个大企业，他也由一个穷人变成了腰缠万贯的富豪。

西村金助的成功，离不开坚定的信念。他对自己可以致富的信念坚定不移，在困难面前没有退缩，最终变成了富翁。

人生途中，那些高举信念旗帜的人总能在艰难困苦面前表现得无所

畏惧，劲头十足；而那些没有信念的人只能整天过着浑浑噩噩、迷迷糊糊的日子，遇到困难，他们也只会怕这怕那，所以就看不到光明，也感受不到人生的幸福与快乐。

所以我们要相信自己，坚定信念，相信财富会在我们的气场力的吸引下，离我们越来越近。

QI CHANG XIU
LIAN ZHI
ZHONG JI SHI ZHAN

驾驭伟大的气场,
拥抱美好的人生

唤醒自己对成功的强烈欲望

如果一个人想创造财富，想干出自己的事业，那么他必须首先唤醒自己的"成功欲"。我们可以说，倘若一个人没有成功的欲望，那他就不可能取得成功。

在现实生活中，人们对成功的欲望有多强烈，那么最终爆发出的力量就会有多大。也就是说：我们的欲望有多大，那么我们就能战胜多么大的困难；我们的欲望有多大，我们就能打败多么强大的敌人。倘若一个人对成功的欲望强大到可以改变命运的时候，那么，一切困难和挫折都会为他的成功让路。

在现实生活中，有很多领导者、企业家正是因为有着强烈的成功欲望，所以他们最终成为了人生博弈中的赢家。

亨利·福特是美国著名的汽车工程师和企业家，福特汽车公司的创始人。同时，他还是世界上第一位将流水线引进汽车生产领域的人。

福特从小就对机械很感兴趣，在12岁的时候就为自己建立了一个机械坊，15岁时便亲手造了一台内燃机。后来，他便产生了这样一个梦想：用汽油作动力发明新型的非蒸汽动力汽车。从当时的情况来看，这几乎就是一个不可能实现的目标。可是福特却十分坚信自己这个梦想，而且很注重实际行动。由于有这个梦想，所以福特对成功产生了强烈的欲望，他当时计划用10年时间让这个梦想成为现实。

福特在16岁的时候便背井离乡，来到了美国的大工业城市底特律，在那里找了一家汽车生产工厂做机械学徒。从这里，他学习了很多有用的机械知识，也积累了不少经验。当他的技能得到了一定的提升之后，他便在每天下班后开始进行新型汽车的研发工作。功夫不负有心人，当福特29岁的时候，以汽油作为燃料的汽车终于诞生了。

在一次新闻发布会上，有记者问福特成功的秘诀是什么，他想了片刻答道："可能是我对成功有强烈的欲望，所以才造就了我的成功吧！"

对于自己所取得的成绩，福特并没有感到满足，他对自己不断提出新要求，这样就让自己对成功的欲望变得更加强烈了。

1903年，福特和其他的一些投资者集资2.8万美元成立了福特汽车公司。没过多久，他就设计出了一款只用39.4秒就能行驶一英里路程的汽车。这在那个年代，可是汽车中的超高速。这辆车的问世，让福特在美国名声大振。

福特去世后，在为他举行葬礼的那一天，美国的汽车业界为了纪念他给汽车界作出的巨大贡献，所有的汽车生产线统一停工一分钟。在他去世半个世纪后，《财富》杂志追授他为"20世纪最伟大的企业家"；在《福布斯》"有史以来最有影响力的20位企业家"中，他的名字位居榜首。

可以说,福特对成功的欲望改写了人类的汽车史,为汽车业的发展写下了光辉的一页,同时也为他的人生增添了耀眼的光芒。

人要想取得成功,就必须具备始终不渝的奋斗精神,而这种精神力量的强弱则来源于他对成功欲望的大小。倘若唤醒了一个人对成功的欲望,那就等于挖掘出了他生命中所埋藏的巨大的能量。

不要总是羡慕,激励才能让气场为人生添彩

面对那些富有和成功的人,很多人总是充满了羡慕和嫉妒,总是想象着有一天自己也能取得像这些人一样的傲人成绩。可是,很多年过后,依然有不少人还将想法停留在当初的想象阶段,原因何在?

事实上,人人都拥有成功致富的潜能,人人都可以让自己的生活更美好,可是,倘若我们不用心去做,不去激励自己,那就不会产生积极的气场,没有积极的气场就吸引不来美好积极的事物,于是我们就可能一直停留在羡慕嫉妒恨的状态中。

人人都有羡慕之心,通过羡慕我们可以发现自己的差距,找到自己努力的参照,或者当我们失望的时候让我们找到重新崛起的动力。但是,我们不能总是一味地羡慕而没有实际行动。古语云:"临渊羡鱼,不如退而结网。"对我们而言,与其在那里浪费时间对自己的人生目标苦思、渴望或抱怨,那还不如提升自身的素质,发挥出自己的气场能量,在实际行动中让自己变强。

法国的大文豪大仲马先生有很高的文学造诣,同时,他的儿子小仲马也是法国文坛上一颗耀眼的金星。

有一次,大仲马得知儿子寄出的稿子总是被退回,于是就告诉儿子试试在寄稿时随稿给编辑附上"我是大仲马的儿子"

11 驾驭伟大的气场，拥抱美好的人生

这句话，说不定情况就会好多了。

可是，小仲马并没有接受父亲的建议，他认为，倘若自己这样做，根本就得不到提高，而且那样对自己并没有多大的好处。

年轻的小仲马没有以父亲的名气来开拓自己的事业，而且他还不露声色地给自己取了十几个笔名，他这样做就是为了防止编辑们把他和大名鼎鼎的父亲联系起来。

作品一次次地被退稿，可是小仲马没有沮丧，他还是坚持创作。

当他把长篇小说《茶花女》寄出后，终于获得了佳音。这部作品构思绝妙，文笔精彩，让一位资深编辑深受打动。这位编辑和大仲马有多年的书信往来，当他看到这份稿件的地址和著名作家大仲马的丝毫不差，他怀疑可能是大仲马另取了笔名，可是作品的风格却和大仲马以前的截然不同。于是，在这种兴奋和疑问的驱使下，这位资深编辑便迫不及待地乘车去造访大仲马家。

结果让他没有想到的是，《茶花女》这部伟大的作品，竟然是大仲马的儿子小仲马，一个名不见经传的年轻人写的。

"那您怎么不在稿子上署您的真实姓名呢？"编辑很疑惑地问小仲马。

"我只想让自己拥有真实的高度。"小仲马答道。

这位编辑听了小仲马的话，赞叹不已。

当《茶花女》出版上市后，当时法国的很多著名书评家都认为这部作品的价值大大超越了大仲马的代表作《基督山伯爵》，从此，小仲马的名气开始名扬天下。

虽然用父亲的影响力可以给小仲马带来帮助，可是他并没有那么做。父亲的成功始终属于父亲，他并没有羡慕，而是用自己的气场打造了一

片天地，为自己开拓了人生之路。

羡慕别人的成就可以，可是我们更要懂得打造属于自己的气场。要学会为自己鼓掌，要尊重自己的价值，从而让自己在竞争中得到一份鼓励和温情。

人人都是生活的导演，如果总是羡慕他人而不激励自己，那我们就会把自己的生活演得没有活力，没有生机。而激励自己能让我们的气场更加积极向上，这样，我们的生活也就会更精彩。

保持气场，在于用最优弥补最劣

一只水桶到底能盛多少水，其决定因素并不是桶壁上最长的那块木块，而是桶壁上最短的那块木板。对于我们个人而言，"水桶理论"提醒我们，要清楚地认识到自身的弱势并加以弥补，应该注重个人的全面发展。

可是，在"水桶理论"的指导下，我们会很容易忽略自身的特长，因为人们都把自己的精力放在了去寻找并弥补自身短板这个方面。当发现了自身的"短板"后，人们就专注地来应对这个"短板"，拼命地将自己的时间、精力和金钱投入到其中进行弥补。有的人不但没有把自己的"短板"变长，还把原来的"长板"也变成了"短板"。事实上，想让自己变得更优秀，我们就应该学会去用最优弥补最劣，一个人要保持气场，也是同样的道理。

肖鹏在一家大型公司做主管，其实他做得很好。可是不久，新来了一位副手，这位副手从一开始就表现出咄咄逼人的气势，在肖鹏看来，这位副手是想和他竞争主管的位置。所以，这让他感到了一种无形的压力。

为了保持和巩固自己的主管职位，肖鹏便决定给自己充电。

于是他选择了学习电脑知识，甚至连编程都纳入了他的学习范围，与此同时，他还学习英语。这样一来，他投入了不少的时间，可是毕竟精力有限，对于编程刚刚入了门，而英语则也是刚能用简单的语言和人对话，就在这个时候，已经在专业上明显失去优势的肖鹏被对手取代了。

肖鹏最大的失误之处就是没有把自己的优势充分发挥。他能做到主管这个位置上，说明他的能力并不差，说明他有自己的优势。可是，他并没有意识到这一点，却一味地把自己的大量精力都投入到弥补"短板"上。结果，知识面的确是广泛了，可是对自己目前的工作并没有多大的帮助，而且新学到的这些只是了解了一些皮毛而已，广而不精，算不上是自己的优势。

金无足赤，人无完人。想必这样的道理我们每个人都知道。所以，对于任何人而言，他都有自己的优势和劣势，对于水桶理论，我们也要学会去辩证地看待。

世界著名心理学家克利夫顿曾说："判断一个人是不是成功，最主要是看他是否最大限度地发挥了自己的优势。"所以，我们在生活中也应该注意这个方面。在修炼我们的气场时，不要对于自己的不足之处纠缠不放，当我们将自己的优势发挥到极致的时候，你的劣势就会被人们自动忽略。

美国苹果公司首席执行官史蒂夫·乔布斯就是这样一个典型。他的行事风格比较专横，脾气暴躁，设计师的方案倘若没有让他感到满意，那就是有再好的创意也得重新设计。的确，这些都是他的"短板"，可是，这些短板的存在并没有湮没他的成就。

当他于1997年重返苹果公司后，面临的是一个烂摊子：苹

果的股票下跌，产品积压，市场份额急剧下滑，公司严重亏损以至于到了濒临倒闭的边缘。

临危受命，乔布斯进行了大刀阔斧的改革，在他的主导下砍掉了公司多达350种的产品，最终只保留了10种；在进行iPhone手机设计的时候，他主张将手机所有的物理按键全部去掉，而用一块触控大屏幕将其取代；在宣传自己的新产品时，他总是要求只将唯一的一款产品放在网站首页上突出展示……

近年来，苹果推出的iPhone和iPad获得了消费者的热烈欢迎，产品投放市场，引起了巨大的轰动，让苹果的飓风席卷全球。

而且，乔布斯还让苹果公司的市值超越了百年老牌的美孚石油公司，成为全球市值最高的公司。

这一切，让人们想到的是乔布斯的智慧和眼光，想到的是他对于事业孜孜不倦的追求态度，而不是他那专横、独裁的行事作风。乔布斯的优势是大胆地追求创新，而他让自己的优势得到了充分的发挥，所以，他成功了。

对于每个人来说，自己的成长空间主要在于优势领域，我们与其花大量的精力去弥补劣势，倒不如把自己的优势进行更进一步的利用和发挥。这样，在花费同样精力和时间的情况下，我们就能更容易达到顶峰。

而要想让自己保持气场，同样也需要用优势来弥补劣势。所以，请从现在开始，找到自己的优势并充分发挥吧。你的优势和长处，会让你更强大。

拿得起放得下，幸福气场自然就会来

人生在世，有很多事情都是难以预料的，一件件让人痛心的事情，

11 驾驭伟大的气场，拥抱美好的人生

如亲人离去、生意失败、失业等等，这些都给我们原本平静的生活带来阵阵涟漪。面对这些变故，有人能泰然处之，而有人就可能一蹶不振。

这是为什么呢？因为前者能发挥出自己的积极气场，他们对待事情拿得起放得下；而后者却正好相反，当受到伤害之后，就会陷入伤痛的深渊，让消极的气场充斥自己的世界。

人生不会只有得到而没有失去，当一个人经历了失去之后对未来失去信心和希望，那怎会在失去之后再得到呢？还怎么过得快乐幸福呢？

著名的松下电器的创始人——松下幸之助从9岁开始就去大阪做小伙计，后来，他的父亲因病早逝，年仅15岁的他就挑起了生活重担。

当他22岁的时候，松下幸之助晋升为一家电灯公司的检查员。就在这个时候，他发现自己患上了家族病。在他们家族中，已经有9位家人因这种病在30岁之前离开了人世。此时在松下幸之助的面前没有其他的退路，可正是这样反而让他对可能发生的事情有了充分的思想准备。于是他不断调整心态，力求让自己保持一颗平常心，让自己保持旺盛的精力。就这样，经过了一年的时间，他的身体变得结实起来，而且心态也越来越坚强。这种坚强的心态影响了他的一生。

在患病的这一年中，他辞去了自己的工作，开始独立经营插座生意。那个时候，正值第一次世界大战，物价上涨很快，而他手中的资金却非常有限。虽然公司成立了，可是当时所做的产品是插座和灯头，销量一点都上不去，这让工厂的发展步履维艰，员工开始相继离去，松下幸之助的处境非常糟糕。

这些对他而言真是祸不单行，可是他把这一切都看成了自己创业的必然经历，他鼓励自己说，再多下点工夫，总会成功的！他相信，只要自己能坚持下去就会取得成功，就是对自己

最好的报答。

就这样一直坚持了6年，他的公司终于生产出了一批自行车前灯，这可是他的公司第一批像样的产品。这让公司慢慢走出了困境。

1929年美国爆发了金融危机，后来金融危机的风暴很快就刮遍了全球，日本也未能幸免。成批成批的产品出现滞销，库存激增。1945年，日本的战败让松下幸之助遇到了空前的危机，他变得几乎一无所有，还拖欠了高达10亿元的巨额债务，而且还款期限只有4年。为抗议美军将他的公司定为财阀，他曾经往美军司令部跑了50多次进行交涉。在他的坚持下，公司的惨淡状况后来终于渐渐出现了改变。

如今，经过了不断的磨砺，松下电器已经成为了闻名世界的电器品牌。

俗话说，人生不如意事十之八九。生活中，我们经常会遇到各种意想不到的事情，事实上这些事情本身并不可怕，可怕的是我们被这些事情牢牢缠住而无法自拔，不知道去改变自己的气场，不知道应该尽早地以最新、最好的状态去做接下来的事情。这是很可悲的。

人生没有过不去的坎儿，没有放不下的事，能拿得起，就能放得下。就算我们现在身无分文，我们也可以从现在开始一点一滴地打拼，在人生的惊涛骇浪中去磨砺自己，渐渐地气场有了，幸福也就来了。

给予是一种能产生快乐的气场力量

十几年前，赵娟还小，那个时候，他的父亲在镇上开了一家修鞋店。每天下午放学以后，赵娟就会到父亲的小店去帮忙。

她的工作其实很简单,就是将顾客送来的鞋贴上标签,然后再将取鞋票交给他们。

她父亲的生意还不错,顾客来来往往的。在这些顾客当中,有一个叫刘明的人,赵娟对这个人很不喜欢。

这个刘明,一年四季不论什么时候总是头戴一顶黑色的帽子,穿着棕色的破夹克,衣服的袖子已经有很多地方磨破了,而且看上去油亮亮的。刘明白天在街上游荡,到了下午快要关门的时候,他就会时不时地过来向赵娟的父亲要几个"子儿"花花。这几乎已经成了习惯。

一天,眼见父亲的小店快到关门时间了,赵娟突然看见刘明向他们的小店走来,于是她急忙把窗口的牌子从"营业"换成了"休息",希望刘明看到后能止步,可是,刘明并没有在意这个,他还是推门走了进来。

他用那干瘦的手扶了扶已经破烂了的帽檐,然后走到了柜台前。这时赵娟可以看到他脸上深深的皱纹,而且,从他破烂的夹克中散发着阵阵难闻的气味。他径直走到了赵娟父亲跟前,然后用很低沉的声音说:"最近我手头有些紧张,我要给孩子买点吃的,你看能不能借我几个子儿?"听了他的话,赵娟的父亲放下了手里的活儿,走向柜台,他们的钱匣子就在柜台上放着。

父亲打开钱匣子之后,从中拿了20块钱递给了刘明。

"可不要喝酒啊,刘明,"他对刘明说道,"拿去给孩子们买点儿牛奶和面包吃吃吧。"刘明点了点头,道了谢就出去了。父亲也跟着走到了店门外,看见他的确是进了街道对面的商店。父亲一直在外面站着,当他看见刘明拿着牛奶和面包从店里走出来的时候,这才放下了心,转身回到了店中。

在父亲的鞋店帮忙的那些年里,这样的情景赵娟不知都看见了多少次,她实在是看不惯了,可是不知为什么,父亲竟然也不抱怨。赵娟心想，父亲肯定从来都没有收回过刘明所"借"的钱。可是她一直没有向父亲问过这件事。

现在赵娟已长大了，父亲也退了休，有一天，赵娟便问了她好久以来都想问的问题。

"爸爸，为什么那时你总是借钱给刘明？你明明知道，每借给他一分钱，在他看来只是又多了一分酒钱。这样不劳而获难道你看不出来吗？这也太便宜他了吧？"

父亲听了赵娟的话后，先让闺女坐下，然后说道："我给刘明钱，就没有期待他还钱。其实我很早就决定，不借他钱，而是给钱。虽然他说是借钱，但那是他的事。对我而言，这些钱我是作为礼物送给他的。"

父亲接着说："孩子，当我们做好事的时候，不能总是想着要得到回报，这样我们才会感到幸福和快乐。"

赵娟听了觉得很诧异，没想到父亲竟然把这件事看得如此开阔。难怪从小父亲就教育她，要学会给予，要多做好事……听了父亲的话，赵娟觉得父亲的确很伟大，虽然读的书并不多，可是教会了她很多人生的道理。

赵娟的父亲把给予看作是人生的快乐，所以他的生活过得很快乐。

给予是一种能产生气场能量的力量。当我们学会了给予，那就会不知不觉地让别人身上的一些东西得到新生，而这种新生的东西同时又能给我们带来一些新的希望，这个时候，我们的周围就形成了一个强大而又积极的气场。虽然它看不见又摸不着，但它的确是存在的，同时它也能对我们的人生产生影响。

当我们将爱给予他人，我们就会收获爱的回报；当我们将快乐给予他人，我们就会收获快乐的回报……在人生的这方沃土上，我们播撒下了给予的种子，那将收获到幸福的果实。我们不妨在生活中去试试，这样，快乐的气场就会和我们不离不弃。

格局影响气场，成就精彩人生

阿基米德说："给我一个支点，我可以撬起地球。"世界上并没有无法控制的东西，我们的气场也一样，它是我们可以主动加强和控制的力量。当我们扩大了自己的人生格局，那就会逐渐改变自己的气场。一个人的格局越大，那么他的气场能量就越大。

霍英东是香港著名的富豪，他头顶多种光环，爱国实业家、杰出的社会活动家等等。他的成功，就是源于他的人生格局的影响。

幼年时，霍英东的家境贫寒，在他7岁之前，连鞋子都没穿过。他所找到的第一份工作，是在渡轮上做加煤工……家境的贫寒，是他来到人世之后面临的第一个问题。后来，他靠着母亲的少许积蓄开了一家杂货店。当朝鲜战争爆发后，他觉得航运业有很大的发展前景，此后，便开始在商界崭露头角。

1954年，霍英东创办了立信建筑置业公司，他以"先出售后建筑"的理念逐渐成为香港地产界的巨头。后来他的经营领域不断扩大，在建筑、航运、房地产、旅馆、酒楼、石油等方面都有涉及。

在商业上，霍英东如鱼得水，而在如何做人上，他也深得真谛，他曾说过："做人，关键是要问心无愧，要有本心，不要做伤天害理的事……"当成为富豪之后，霍英东一直没有忘记回报社会。他在内地进行了大量的投资和捐赠，但对于这些，

他却自谦为"一滴水"。"我的捐款,其实就像大海里的一滴水,作用是很小的,说不上是贡献,这只是我的一份心意!"只有像他这样拥有人生大格局的人,才能有如此博大的"一份心意"。

人生需要有格局,格局是什么样的,自己的气场和命运就是什么样的。那些大人物的成功,都是由他们的人生格局铸成的。因为当他们还是小人物的时候,他们就开始为自己规划人生的大格局,霍英东的成功就证明了这个道理。人生的格局有多大,自己的舞台就会有多精彩。要想成功,就要拥有一个大格局。

一个人能够做大的事情,这是由他的气场决定的。那些以自我为中心,没有远大志向的人,人生格局是很小的,他们即使碰见了重大的机遇、或者具有超常的能力,也很难做出一番骄人的成绩。

> 台湾著名主持人陈文茜,在台湾颇有影响力,她在台湾的政界、商界和媒体界都是响当当的风云人物。她之所以能做到在政坛上叱咤风云,在生活中如鱼得水,就是由于她的人生格局和一般的女人不同。她曾经说过这样一句话:"人生最怕格局小。"在她的身上,体现出了许多女人所没有的宽广视野,也体现出了许多男人所没有的胆识气魄,同时也有很多专家学者所没有的睿智和担当……这些,都来源于她那人生的大格局。

也许,我们曾经为自己的平庸无为感到很苦恼,也许我们曾经总是为别人取得的成就而感到惊叹。其实,这些都没有必要。我们要做的就是反思一下自己,是否具有一些大格局,比如,当我们被人误会时,能否保持自己的宽宏大量;当我们遭遇不幸时,能否依旧坚强和乐观;当我们面对困难时,能否鼓起勇气去挑战。

倘若我们目前还没有这些大格局,那就要去注重培养,这些才是成就强大气场的必备,才是成就人生的必备。

形成王者气场,让自己看起来像个成功者

狮子之所以能成为百兽之王,是因为它们拥有王者的气场,敢于把比自己更大的动物当成猎物,敢于蔑视一切对手,敢于向它们发起挑战。

其实,对于人类而言也是同样的道理。保持自己独立的个性,在工作和生活的过程中学习狮子的王者气场,让我们的个性得到实现,会对我们事业的发展起到重大的推动作用。

当年,比尔·盖茨在读中学的时候和自己的好友艾伦建立了"湖畔编程小组",开始为当地公司开发软件。

经过一段时间的运营,艾伦企图独自承揽业务,这让比尔·盖茨感到很气愤,而且盖茨还同艾伦发生了争吵,并离开了公司。可是,艾伦很快就发现个性独特的比尔·盖茨是不可缺少的,少了他,公司的竞争力就会下降很多。于是,他又邀请比尔·盖茨回来工作。

"我当然是可以回去的,"比尔·盖茨告诉艾伦说,但他有个条件,那就是公司必须由他来负责,而且还说,他习惯当负责人。艾伦没有其他更好的办法,只能依着比尔·盖茨,让他做了负责人。

罗伯·格雷瑟曾经是微软的一位经理,他说,在当初,自己很钦佩比尔·盖茨的远见,可是,比尔·盖茨很无情,他信奉的是"物竞天择,适者生存"的原则,而不追求双赢,总是想方设法让别人失败。在盖茨的眼里,成功的定义就是消灭竞争,而不是创造杰出。

对于这样的观点,比尔·盖茨也给出了自己的解释:"倘若我不冷酷无情,那我们怎么不断推出更具创新性的软件?我们宁愿消灭竞争对手而不是培育市场,这是彻头彻尾的谎言。"比尔·盖茨说,"这个市场是谁培育出来的?是我们,是谁在规模比我们大很多倍的公司攻击中经受住了考验?"他边说边指出了每位竞争对手,"他们的竞争手段和我们相比毫不逊色。我们能获得成功就是因为我们雇佣了最聪明的人。我们能及时根据用户的反馈而改进产品,直到产品做得尽善尽美。我们在每年都要举行研习会,思考世界会向哪个方向发展。"

信念和能量可以改变气场,比尔·盖茨的与众不同之处就是他拥有王者的信念和气场,他的成功告诉我们,一个人要相信自己会成长为参天大树,而不是草芥,要竭尽全力向高处攀爬,让自己的气场得到最大限度的发挥,只要努力提升自己的气场,那就完全可以做到与众不同。

其实人人都有机会在一定的圈子或范围内成为焦点,成功的关键就在于你是否有强大的气场。柳传志、潘石屹、王石……这些具有超强人气的人,能成为行业的领头羊,他们的身边有众多的有为之士,这些都是强气场作用的结果。

按照自己的态度去面对生活,只有我们对待生活的态度鲜明了,才能拥有强大气场。人们的工作状态和人生方向总是受个人的气场引导,王者气场能赐予他无形的力量,让他在人生的抉择中选对道路,找对方法,成就一生。

勤勉好学,让自己的气场发力

学习力,对打造我们的强气场来说可谓是必要条件。我们通过学习,可以改变命运的气场。要知道,智慧并不是自然的恩赐,它是勤奋努力的硕果。

生活中,有不少人通过阅读各种书籍去探寻如何成功,而到了最后他们会发现原来成功的技巧就在自己的身边,那就是——做任何事,我们都要具备勤奋和执着的精神,要通过自己不断地勤奋工作和努力学习,从中领悟因勤奋而激发出的灵感,这能改变我们的气场,也能改变我们的命运,从而让我们走过艰难险阻,到达成功的高峰。

台湾著名化学家李远哲是台湾地区唯一一位获得诺贝尔化学奖的人,他曾经说过,他的经验就是每做一件事都要比别人多做5%,这样连续做100件事情后,就会远远超过别人。李远哲的这句话,说的就是做事要勤奋,勤奋出硕果的道理。

古语云,天道酬勤。那些勤勤恳恳工作、勤勤恳恳学习的人才会真正掌握自己的命运。曾经有人问鲁迅先生:"你渊博的知识是靠什么得到的?"他回答说:"我只是把别人喝咖啡的时间用在了读书上。"

当年,鲁迅曾经在南京江南水师学堂读书,那时的他,考试成绩优异,因此学校给了他一枚金质奖章作为奖励。但是他并没有戴这个奖章,没有把它作为炫耀自己的凭证,而是把它拿到街上卖了,用卖到的钱买回几本心爱的书和一串红辣椒。当他读书读到夜深人静、天寒体困的时候,这串红辣椒就发挥作用了,他会摘下一只辣椒,分成几片,然后放进嘴里咀嚼,直到辣得他额头冒汗,眼里流泪,周身发暖,而且困意也随之消除,于是他就又开始读书了。

鲁迅先生养成了勤奋学习的习惯,所以他获取了丰富的知识,这些都为他日后成为一代大文豪奠定了坚实的基础。鲁迅先生还说过:"伟大的成绩和辛勤劳动是成正比的,有一分劳动就有一分收获,日积月累,

从少到多,奇迹就可以创造出来。"

成功人士手中的鲜花都是他们用汗水和心血浇灌出来的。因为他们懂得坚持勤奋学习,懂得不耻下问,勇于向失败挑战,所以,最后的成功必然是属于他们的。所以,学习力是打造强气场强有力的保证,是改变命运气场的动力之源。

发挥气场的力量,从而征服对手

生活中,当两个人相遇的时候,他们的不同气场我们都能直观地感觉到,哪个人的气场很强,哪个人气场较弱,都比较明显。在我们追求成功的过程中,必然会面对各种不同的竞争对手,这时我们需要用自己强大的气场镇住对手,至少要让对方觉得我们不是很容易就能被他所超越。

英国前首相丘吉尔的个人气场很强,而且他从来都是一个毫无顾忌地运用自我气场的人。在一次去美国访问期间,他应邀赴宴,席间他对女主人说:"我能吃鸡胸脯的肉吗?"女主人当时就觉得丘吉尔说话有些失礼,就对他说:"我们习惯把'胸脯'肉叫做'白肉'。"丘吉尔马上彬彬有礼地对自己的失误表示了歉意。可是过了几天后,女主人就收到了丘吉尔让人送来的鲜花,同时还在随花卡片上写了这样一句话:"倘若你愿意把花朵别在你的'白肉'上,那我将会感到莫大的荣幸。"这句话将丘吉尔那种好斗、不愿意委屈自己的个性和他那难以抑制的率真表现得淋漓尽致,想必女主人看到这句话的时候,她的气场会本能地告诉她:丘吉尔这家伙不好惹。

11 驾驭伟大的气场，拥抱美好的人生

倘若我们拥有能量充沛、富于进攻性的气场，那就能让我们在和对手周旋的过程中体现出优势，从而得到胜利的可能。

像丘吉尔这样强势的人同样会和拿破仑一样遭遇滑铁卢。他那英国式的自尊自大在雅尔塔会议期间遇到了真正的对手——苏联领导人斯大林。当每次在"三巨头"举行会议的时候，斯大林总是迟到十几分钟，而且当他走进会议室的时候，美国的罗斯福总统和丘吉尔总是起立迎接。当时罗斯福并不在乎这些小节，可是气场敏感度更强的丘吉尔实在是忍无可忍了。于是，他便和罗斯福约定，在第二天开会的时候晚来15分钟。

可是谁知，在第二天开会的时候斯大林竟然迟到了半个小时，结果还是罗斯福和丘吉尔两个人等斯大林。于是，丘吉尔便对罗斯福说："今天当他进来的时候，我们俩就别站起来了。"当斯大林领着他的将军们走进来时，他看到罗斯福和丘吉尔并没有像往常一样起立迎接他，这时斯大林便很惊奇地放慢了脚步，用疑惑的眼神直盯着罗斯福和丘吉尔。世界上气场最强的这三个人面面相觑，我们可以想象到在场的其他人都可能感受到了空气中的能量波动。最后，还是罗斯福和丘吉尔没有招架住，不由自主地站了起来迎接斯大林。斯大林脸上终于浮现出了满意的笑容……

斯大林用自己的气场折服了丘吉尔这位高傲的英国"拿破仑"。这些事例告诉我们，在和竞争对手的博弈中，谁能用自己的气场征服对方，谁取得胜算的可能性就越大。